Metatemas 33

Metatemas
Libros para pensar la ciencia
Colección dirigida por Jorge Wagensberg

Al cuidado del equipo científico del Museu de la Ciència
de la Fundació "la Caixa"

* Alef, símbolo de los números transfinitos de Cantor

Jordi Agustí

LA EVOLUCION
Y SUS METAFORAS

Una perspectiva paleobiológica

Tusquets Editores

1.ª edición: febrero 1994

Diseño de la colección: Clotet-Tusquets
Reservados todos los derechos de esta edición para
Tusquets Editores, S.A. - Iradier, 24, bajos - 08017 Barcelona
ISBN: 84-7223-414-2
Depósito legal: B. 512-1994
Fotocomposición: Foinsa - Passatge Gaiolà, 13-15 - 08013 Barcelona
Impreso sobre papel Offset-F Crudo de Leizarán, S.A. - Guipúzcoa
Libergraf, S.L. - Constitución, 19 - 08014 Barcelona
Impreso en España

Indice

Como las cosas son más antiguas que
las letras, no es sorprendente que en nuestros días no aparezcan escritos acerca de la
ocupación de muchas tierras por los mares,
y si hubo algún escrito, las guerras, los in-
cendios, las inundaciones, los cambios de
idioma y de leyes han destruido todo lo antiguo; pero a nosotros nos basta el testimonio de las cosas que nacieron en aquellas
aguas saladas y que se encuentran hoy en
los altos montes, lejos de los mares de entonces.

Leonardo da Vinci

Prólogo

El término fósil tiene sin duda un significado muy amplio. Así, los geólogos suelen hablar de «playas fósiles», o bien de la «fosilización» de una fractura. Pero, sin duda, su acepción más corriente, aquella que nos viene a la cabeza cuando el término es utilizado como sustantivo y no como adjetivo, se refiere a cualquier vestigio de origen biológico que haya perdurado hasta nuestros días y que nos proporcione información sobre la vida en el pasado. En todos los casos, sin embargo, el término *fósil* hace referencia a la misma situación, es decir, a la persistencia en el tiempo de una estructura compleja (sea cual sea su origen). La dinámica del universo, en todas sus facetas, implica un reciclado o *turnover* al que en principio nada puede escapar. Sin embargo, casualmente, ciertas estructuras pueden quedar temporalmente fuera de este *turnover*. En algunos casos, esta segregación ha abierto perspectivas inéditas en el funcionamiento del universo (es el caso del ADN o de los útiles culturales). En otros, como sucede con los fósiles, tiene como mínimo la virtud de proporcionar un placer insospechado a los estudiosos de la biología histórica, esto es, a los paleontólogos.

La actividad de un paleontólogo puede situarse a muy diferentes niveles. Algunos de ellos se ocupan principalmente de describir y registrar las distintas especies que encuentran en sus áreas de trabajo. En este caso, el paleontólogo actúa como una especie de «registrador» de fósiles y ésta constituye realmente una de sus funciones primordiales, sin la cual no existiría en absoluto la paleontología. Para cualquier paleontólogo resulta particularmente peligroso perder de vista esta perspectiva básica, ya que los fósiles son, en último extremo, la «evidencia dura» (o *hard evidence)* sobre la que debe basarse cualquier interpretación paleobiológica. Sin un detallado registro de las especies de un yacimiento (lo cual implica su situación en él, descripción, medición, publicación, etcétera) no puede avanzarse en el camino del análisis paleobiológico.

Sin embargo, esto no significa que la actividad del paleontólogo deba quedar encajada estrictamente dentro de esos límites. Al comparar faunas o floras de diferentes edades dentro de un ámbito espacial más o menos restringido, se hace inevitable ensayar hipótesis sobre su posición en el tiempo (aun cuando esta ordenación temporal puede venir ya determinada por la geología de la zona de donde proceden los fósiles). En este caso, el paleontólogo puede intentar determinar cuáles fueron los principales eventos evolutivos o biogeográficos que tuvieron lugar en una determinada región y encuadrar dichos eventos en un marco más general o «escenario». Los paleontólogos actúan entonces como auténticos *historiadores* de la biosfera, registrando la secuencia de acontecimientos que tuvieron lugar en el pasado y emitiendo hipótesis sobre las causas que pudieron motivar tales acontecimientos.

Estas son, en definitiva, las funciones que clásicamente le han sido atribuidas a la paleontología de acuerdo con una tradición evolucionista muy arraigada que tiende a relegar a esta disciplina al papel de mera «visionadora» de la evolución biológica. Los paleontólogos podían atreverse a *mostrar* lo que ha ocurrido, pero difícilmente podrían aportar dato alguno en lo que se refiere a nuestra comprensión de los *mecanismos* del proceso evolutivo. Y sin embargo, dentro del panorama de la biología evolutiva de los últimos veinte años, difícilmente puede encontrarse otra disciplina que haya dado mayores muestras de vitalidad en esa dirección. Aun cuando no pueda señalarse como causa, la publicación en 1972 del artículo «Punctuated Equilibria: an alternative to phyletic gradualims» por parte de Niles Eldredge y Stephen Jay Gould abrió la caja de los truenos de una reinterpretación general de numerosos tópicos evolutivos relacionados con el registro fósil. Temas como la evolución humana, la clasificación de las especies, los dinosaurios, las modalidades de la evolución o las extinciones han sufrido en este lapso de tiempo una transformación tal que los esquemas mantenidos hasta los años sesenta han quedado manifiestamente caducos. La paleontología ha salido de este proceso reforzada, con la evidencia de que existen problemas que sólo a esta ciencia compete resolver: la evolución de la biosfera constituye una realidad mucho más compleja de lo que en un principio se intuyó desde la perspectiva reduccionista del darwinismo. En este contexto, hace algún tiempo escuché de labios del paleontólogo norteamericano David Raup la siguiente afirmación: «La teoría de la evolución se encuentra actualmente inmersa en una revolución, semejante a la que en los años treinta y cuarenta dio lugar a la teoría sintética. Estamos asistiendo al nacimiento de un nuevo paradigma sobre la evolución biológica». Tras más de diez años, ¿qué queda de aquella profecía? La respuesta no es sencilla y el lector la entreverá en estas páginas: algunas constataciones, muchas nuevas preguntas y otras viejas cuestiones que de nuevo asoman sus orejas a modo de «eternas metáforas» (al decir de S.J. Gould). Como en otras actividades del conocimiento, las ciencias suelen valerse en su desarrollo de esquemas conceptuales preconcebidos (a los que podemos dar el nombre de metáforas) y que, como los antiguos mitos, perduran sin ser cuestionados durante generaciones. La reciente «revolución» a que se refería Raup ha puesto en duda muchas de las metáforas utilizadas por la biología evolutiva en el último medio siglo, todas ellas basadas en el papel omnímodo de la selección natural y en una concepción gradualista del cambio evolutivo. Nuevas grandes preguntas sustituyen a aquellas otras que en el pasado poblaron los textos paleontológicos, del tipo de «¿cuál fue el eslabón perdido?», «¿de dónde procede el hombre?» o «¿por qué se extinguieron los dinosaurios?». Hoy la paleontología se cuestiona las causas que condicionan las variaciones de diversidad de la biosfera y su respuesta ante los eventos catastróficos de diverso orden que puntúan la historia del planeta. Evolución y azar han intervenido en un juego cuyas reglas todavía no conocemos bien y cuyo resultado es lo que comúnmente llamamos «la historia de la vida». Desentrañar estas reglas es una de las tareas principales que la paleontología tiene encomendada en cuanto ciencia.

La presente recopilación de ensayos pretende ser por tal motivo una crónica de las tormentosas relaciones que desde sus orígenes han mantenido la paleontología y la teoría evolutiva. A excepción del capítulo 3, todos los ensayos de la primera parte fueron redactados especialmente para este volumen. La segunda parte prolonga esta relación traumática hasta nuestros días y con ella he tratado de ofrecer una miscelánea de aquellos problemas que han dominado la paleontología evolutiva en estos últimos veinte años: evolución gradual *versus* estabilidad evolutiva, extinciones, nuevos paradigmas en torno a algunos grandes mitos como los dinosaurios o el origen del hombre, paleobiología *versus* relojes moleculares, etcétera. En los últimos años, varios de estos temas han formado parte del quehacer paleontológico del autor, dando lugar a la publicación de diversos artículos que están en el origen de alguno de los ensayos de esta segunda parte. Es el caso de los capítulos 6 y 10, en los que no he podido resistirme a la tentación de mostrar algunos de los problemas más directamente relacionados con mi especialidad. No obstante, para su inclusión en este volumen han sido profundamente revisados y reestructurados, de manera que su redacción resultase menos abstrusa y más digerible. He tratado de evitar al máximo el uso de términos taxonómicos y tecnicismos, aun cuando en un tema tan específico como es el de la evolución de los molares de los topillos resultase casi imposible. Por lo que hace al capítulo 8, nació de un frustrado prólogo a una nada frustrada obra sobre dinosaurios. Espero de mis colegas una cierta condescendencia hacia esta incursión excesiva en el mundo de las relaciones entre la paleontología y la actual cultura de masas. Finalmente, mi agradecimiento para aquellas personas que con sus comentarios han enriquecido el contenido de este volumen. Entre ellos, debo a mi colega Salvador Moyà la información referente a la anatomía poscraneal del ejemplar de *Dryopithecus* de Can Llobateras, así como el permiso para reproducir la figura 16. El parágrafo relativo a la ilustración paleobiológica se ha beneficiado de numerosas conversaciones con Mauricio Antón, él mismo ilustrador paleobiológico. Finalmente, mi recuerdo para Oswaldo Reig, con quien tuve ocasión de explayarme en muchas ocasiones sobre los temas de esta obra, tomando como excusa nuestra común afición a los roedores.

Primera parte
Fósiles y evolución

1
Los fósiles y el tiempo

Los historiadores de la paleontología suelen situar a Cuvier como fundador de esta disciplina. Y, ciertamente, la obra de este investigador francés representa un momento culminante de su gestación. Sin embargo, antes que él hay ya cierto número de autores de los que podemos decir que piensan «paleontológicamente». Y es precisamente ese marco teórico que se va formando a lo largo de los siglos XVI y XVII el que va a permitir la gran eclosión de finales del XVIII y su continuación a lo largo de todo el XIX.

Aun así, cuando el hombre del Renacimiento interroga a los antiguos sobre la significación de esos extraños objetos, los fósiles, la respuesta que encuentra no es muy diferente a la que han mantenido sus más inmediatos antepasados. Por entonces, ya hace tiempo que los hombres han fijado su atención en los fósiles, pero las ideas que sobre ellos se tienen en el siglo XV no difieren demasiado de las mantenidas en el siglo IV a.C. La opinión según la cual los fósiles eran producciones caprichosas de la tierra, «juegos de la naturaleza», formados bajo el influjo secreto de los astros a través de una «vis plastica», gozaba nada menos que de la autoridad de Plinio y de Avicena, este último, de indudable trascedencia, pues fue, junto con Tomás de Aquino, uno de los máximos divulgadores de Aristóteles en Occidente. Lo cierto es que esta concepción mágica del fósil no podía ser extraña a la religiosidad helénica, en la que el culto a la Tierra-Madre o Gaia estuvo en un principio muy extendido, para ser posteriormente sustituido por el culto a Demeter, la diosa de la agricultura.[1] Así, para Esquilo, ella es la que «engendra todos los seres, los nutre y recibe luego de ellos el germen profundo» (*Coéforas,* vv. 127-128). La Tierra es entonces la matriz de

1. Véase Mircea Eliade, *Traité d'Histoire des Religions,* Payot, París, 1964.

de todo germen, todo en ella fructifica sin cesar, cualquier cosa puede nacer en ella para, al final del ciclo, volver a ella.

Este «vitalismo telúrico» tampoco es extraño al hombre del Renacimiento. La «teoría» de los «juegos de la naturaleza» no deja de ser una especie de «generación espontánea» aplicada a los fósiles. En realidad, ambos conceptos pueden encuadrarse en el marco de una especie de panteísmo cósmico, por el cual existiría una cierta solidaridad global de todas las cosas con la naturaleza (recordemos que ésta es la época de la creación del derecho natural, la moral natural, la filosofía natural, etcétera). Así, Giordano Bruno escribirá en su obra *De la causa, principio e uno* que «el espíritu, el alma, la vida, se encuentran en todas las cosas, y, según ciertos grados, llenan toda la materia».[2] Para este autor, que moriría en la hoguera en 1600, un mismo entendimiento lo llena todo, iluminando el universo y dirigiendo a la naturaleza convenientemente en la producción de sus especies.

Sin llegar al misticismo extremo de Bruno, otros autores elaboraron ingeniosas teorías para explicar el origen de minerales y piedras preciosas gracias a las exhalaciones producidas por el Sol al calentar las aguas que colman los abismos subterráneos. Así se explica, por ejemplo, el explorador español Juan de Cárdenas, al comentar la génesis de algunas piedras en su obra *Problemas y secretos maravillosos de las Indias:*

«Así, entre las exhalaciones, unas son diferentísimas de otras, porque unas, por ser gruesas, terrestres y frías, son propias para la generación y producción de los fríos y terrestres minerales, como es el hierro, el cobre, el estaño, y todo género de piedras; otras por ser gruesas, viscosas y aceitosas, y juntamente calientes se convierten en calientes y aceitosos minerales, como lo es el betún y el azufre cuando se derrite; otras, así mismo, por ser caldísimas gruesas, y terrestres, se convierten en caldísimos y terrestres minerales, como son la sandaraca, el oropimente y el arsénico».[3]

2. Giordano Bruno, *De la causa, principio e uno* (1584), en *Mundo, Magia, Memoria,* edición de I. Gómez de Liaño, Taurus, Madrid, 1973, pág. 91.
3. Juan de Cárdenas, *Problemas y secretos maravillosos de las Indias* (1591), Ediciones Cultura Hispánica, Madrid, 1945, pág. 12.

Nada tiene de sorprendente, por tanto, que para Agrícola los dientes fósiles de tiburones o «glosopetras» fuesen en realidad «porciones de agua endurecida». Como afirma Belon, «en algunos lugares, el agua hace excremento de sí y se convierte en piedra».[4] De hecho, no existe una clara delimitación en esta época entre los conceptos de mineral, vegetal o animal. Constantemente, los tres «reinos» aparecen transgredidos por formas de transición que impiden delinear unas fronteras precisas. Así, el coral es una forma intermedia entre piedra y vegetal, una especie de «planta congelada», al decir de Encelius. Otro tanto le ocurre a las esponjas o *zoophyton,* mitad animal, mitad fruto. No es de extrañar, pues, que los fósiles sean concebidos como frustrados proyectos de ser vivo nacidos de la tierra.

Pero, por otro lado, el origen de los fósiles cuenta durante el Renacimiento con otras hipótesis menos imaginativas. Los eruditos de esta época conocen también las opiniones bien diferentes de Empédocles, Pausanías, Herodoto y otros, para los que era innegable la existencia de auténticas conchas y otros restos de origen marino en zonas de alta montaña, con una sola explicación posible: la presencia de grandes extensiones de agua donde hoy sólo hay tierras emergidas. Esta idea vino a apoyar la interpretación, sostenida en principio por algunos autores helénicos (Senófanes de Colofón) y latinos (Estrabón y Séneca), de que la extensión de los mares habría estado sujeta a lo largo del tiempo a continuos cambios. Para estos autores, varios diluvios, de los que las actuales inundaciones son una pequeña muestra, habrían asolado la Tierra en distintas épocas.

Sin embargo, para el hombre del Renacimiento no hay más que un diluvio, el diluvio universal, tal como lo narran las Sagradas Escrituras. Cualquier dato referente a la historia natural (en esta época sin historia natural) debe pasar por el tamiz inevitable de su verificación en el libro del Génesis. Así, los hallazgos de osamentas de gran tamaño realizados en Sicilia, Klagenfurt, Krems y otros puntos de Europa, algunos de ellos citados por Boccaccio en el cuarto libro de su *Genealogia deorum* o por el jesuita Atanasius Kircher en su *Mundus subterraneus,* confirman

4. Citado por D. Delaunay y J. Roger: *Les Sciences de la Terre,* en R. Taton, *La science moderne (de 1450 à 1800),* Presses Universitaires de France, París. Trad. esp. de M. Sacristán, Destino, Barcelona, 1972.

las palabras que encontramos en el Génesis bíblico, según las cuales «existían entonces los gigantes en la Tierra, y también después, cuando los hijos de Dios se unieron con las hijas de los hombres y les engendraron hijos. Estos son los héroes famosos muy de antiguo» (Génesis, 6, 4). Gigantes, dragones y unicornios, tal es el cortejo de bestias fantásticas que puebla el cielo medieval y que el Renacimiento recibe como una pesada herencia. Ya se trate del *unicornu fossile,* ya de los *lung-ku* y *lung-tschih* (huesos y dientes de dragón, respectivamente) parece como si la expansión de estas supersticiones y el comercio basado en ellas fuese una de las derivaciones del régimen feudal tanto en Europa como en China.

Leonardo da Vinci

Por esta época surgen las primeras obras de ingeniería hidráulica con un cierto fundamento teórico. En una de estas tentativas, la de canalizar el río Arno para irrigar los alrededores de la llanura de Empoli, trabaja un florentino cuyo nombre destaca ya por aquellas fechas: Leonardo da Vinci. Las reflexiones de Leonardo sobre los hallazgos de fósiles muestran una aguda capacidad de observación, muy alejada del entorno epistemológico que representaban las ideas sobre la «vis plastica» o el diluvio universal. Sus anotaciones, dispersas y a menudo reiterativas, fruto de sus trabajos en el valle del Arno, suponen una revisión profunda del estado de la cuestión en su tiempo. Leonardo reconsidera la opinión de «los que dicen que las conchas están en un espacio extenso y nacieron lejos de los mares, por la naturaleza del lugar y de los cielos, que disponen e influyen en la creación de dichos animales» (es decir, la teoría de la «vis plastica»). Su respuesta constituye un auténtico ejercicio de incipiente tafonomía:

«A los que tal opinan debe respondérseles que si existe esa influencia [de los astros para crear animales fósiles] no podrían encontrarse en una misma línea más que animales de las mismas especies y edad, y no viejos y jóvenes juntos, y no unos con su cubierta y otros sin ella, y no unos rotos y otros enteros, y no unos llenos de arena del mar y restos menudos o grandes de otras conchas dentro de sus conchas enteras, que allí se quedaron abiertas y no las bocas de los cangrejos sin el resto del cuerpo, y no conchas de otras especies pegadas a ellas, en forma de animales que sobre ellas se movieran, pues todavía quedan huellas de su paso por encima de la cáscara ya consumida como la madera por la carcoma; no habría entre ella huesos y dientes de pescados, de los cuales unos parecen saetas y otros lenguas de serpiente, y no habría tantos miembros de animales reunidos si no hubieran sido arrojados allí, al lado del mar».[5]

Contra los diluvistas, Leonardo argumenta que si las aguas del diluvio subieron «siete codos» por encima de los montes más altos, las conchas deberían encontrarse por encima de ellos, y no en su base ni todas «a una misma altura por capas». Para él, no cabe duda que las conchas de las montañas han sido transportadas y que su origen es marino: «En los valles a donde no llega la salada agua de mar no se ven conchas fósiles». Pero la originalidad de Leonardo consiste en englobar este hecho dentro del marco de fenómenos ligados a las corrientes fluviales, sobre las cuales tenía una valiosa experiencia. Por ejemplo, más adelante, confirma que se encuentran gran cantidad de conchas en las desembocaduras de los ríos, «aunque en tales sitios no son las aguas tan saladas, pues se mezclan con las aguas dulces que van al mar». También sorprende encontrar ya en Leonardo una formulación precisa del proceso de erosión, transporte y sedimentación:

«Las corrientes subterráneas de agua, así como las que hay entre el aire y la tierra, consumen y profundizan continuamente el lecho de un cauce. La tierra arrastrada por los ríos se deposita en la última parte de su curso [...]. Donde abunda el agua dulce, es prodigio manifiesto la formación de una isla [...]. Tal isla se forma por la cantidad de tierra o acopio de piedras que hace el agua durante su curso subterráneo».

De ese modo, «las orillas del mar van ganando terreno continuamente hacia el medio del mar», de manera que «los medi-

5. Leonardo da Vinci, *Escritos literarios y filosóficos,* Aguilar, Madrid, 1930, pág. 95.

terráneos pondrán sus fondos al aire» y «quedará el elemento acuático encerrado entre los altos diques de los ríos». Así, las conchas van quedando englobadas en el fango que llevan los ríos. Cuando el mar retrocede y por acúmulo se produce la elevación de los diques, las conchas quedan al descubierto, como Leonardo sabe que ocurría con el Arno, gracias a que «se ven las orillas llenas de conchas y ostras dentro de sus paredes».

Leonardo reconoce, además, el fenómeno de la estratificación, como lo atestigua la continua referencia a términos como línea, capa o hilera, que utiliza en contra de diluvistas y «plasticistas». Así, a pesar de sus dudas con respecto a la universalidad del diluvio, llega a proponer la existencia de al menos dos grandes paquetes estratigráficos o «suelos»; el primero de ellos se formaría cuando «la Tierra, por desdén, se sumergió bajo el mar», dando lugar a las capas de conchas descritas. Posteriormente, el diluvio que relata el libro del Génesis depositaría una nueva capa sobre las anteriores, dando lugar a un «segundo suelo» superpuesto al primero.

Todas estas notas, sin embargo, sirvieron de poco para la incipiente ciencia natural de su tiempo, y no precisamente a causa de la dispersión general de la obra de Leonardo después de su muerte, pues, medio siglo más tarde, otro autor, Bernard de Palissy, llegará a desarrollar ideas similares sobre los fósiles sin alcanzar mayor eco. Según Palissy, éstos habían sido animales «engendrados en el mismo lugar», si bien de agua dulce. Ambos autores reconocen su origen orgánico, pero para ellos se trata de formas asimilables a las especies actuales. Leonardo cuenta cómo «en aquellas montañas se encontraron todas las [conchas] vivas que hoy conocemos». Por su parte, Bernard de Palissy relacionará los fósiles de erizos de mar con las formas actuales y Fabio Colonna hará lo propio en relación con las llamadas «glosopetras», que asimila a dientes de tiburón. No existe, por tanto, el concepto de fauna extinta: la Tierra no tiene un pasado distinto del actual y la historia geológica no existe todavía.

Meditación del museo

En una época como el Renacimiento, en que la contemplación de la forma deviene una especie de culto, la extraordinaria diversidad que desvela la historia natural no podía pasar desapercibida a los mecenas de aquel tiempo. Surgen así las primeras colecciones zoológicas y botánicas. Reconstruir en un espacio reducido la variedad casi ilimitada de seres vivos existentes implica sacrificar el número de individuos que representa cada especie en favor del número de especies mismo. Por esta misma regla, en la que individuo equivale a especie, aumentar una colección significará encontrar un número mayor de nuevas especies. Como consecuencia, la cada vez más costosa —en todos los sentidos— obtención de ejemplares raros, dará lugar a un extravagante y aristocrático comercio que rápidamente se extenderá por diversas ciudades de Europa.

Este afán coleccionista alcanzará también a minerales y fósiles. No cabe duda de que estos últimos, con sus complicadas formas más o menos regulares, se benefician de la sensibilidad estética de la época. Un interés casi artístico mueve la recolección de ammonites piritizados, al tiempo que los relucientes dientes de tiburón o de mamífero acaban utilizándose como adornos domésticos. Las casas reales, la nobleza, la jerarquía eclesiástica, la burguesía local... en fin, todo el espectro del poder de los siglos XVI y XVII, se afana en la recolección de estos objetos raros y costosos. A su vez, la nuevas colecciones requieren un cuidadoso proceso de ordenación, que es encargado a incipientes especialistas y estudiosos. Surgen así los primeros catálogos, como el de la colección de J. Keutmann (1518-1574), cuya clasificación sigue el sistema de Agrícola. El de la colección del Vaticano (creada por Sixto V) lo realiza Michele Mercati en 1574 (aunque no será publicado hasta principios del siglo XVIII). Algunos de estos catálogos llegan a ser extraordinariamente voluminosos, como en el caso del de la colección Aldrovandi, con más de ciento ochenta volúmenes. Con el tiempo, estas colecciones se hacen públicas y algunas de ellas pasan al Estado o a las universidades a la muerte de sus propietarios (como en el caso de Sir Hans Sloane, cuyas inmensas colecciones están en el origen del British Museum).

La necesidad de ordenar y catalogar los fósiles, y la creciente curiosidad hacia ellos, propicia su observación detallada, así como su descripción y figuración. En 1609, Boecio de Boodt publica su *Historia gemmarum et lapidarum,* donde cita y describe 647 piezas, entre fósiles y rocas. Casi un siglo más tarde, en 1699,

Edward Lhuyd, en su *Litophylacii britannicii iconographia*, ya describe cerca de 1600 especies animales y vegetales halladas en Inglaterra, 250 de las cuales son figuradas cuidadosamente a lo largo de 23 láminas. En esta obra se describen por primera vez el braquiópodo *Terebratula* y el trilobites *Trinucleus*. Diez años más tarde, en 1709, aparece el *Herbarium diluvianum* de Scheuchzer, y este mismo autor publica en 1716 el catálogo de su colección, que incluye 1500 elementos. *De'crostacei e degli altri marini corpi che si trovano su' monti,* de Anton-Lazaro Moro, aparece en 1740 y el *Traité des Petrifications,* de Bourguet, en 1742.

Los adelantos en óptica permiten, a su vez, las primeras observaciones detalladas de microfósiles. R. Hooke, en 1665, es el primero que describe la estructura de los foraminíferos, analiza microscópicamente los lignitos y los restos leñosos fosilizados y proporciona las primeras ideas sobre las líneas de sutura de los ammonites, homologándolas a las del actual *Nautilus*. Medio siglo más tarde, Beccari describe por primera vez lo que hoy es el género *Rotalia* y su obra es posteriormente continuada por Bianchi y por Sollani.

Variaciones horizontales y verticales

Aunque ajenas al estudio de los fósiles en sí, durante el siglo XVII tienen lugar dos importantes adquisiciones en el campo del pensamiento científico-natural. De una parte, tras las experiencias de Redi, Leewenhoek, Harwey, Malpighi y otros, queda patente la singularidad de los seres vivos y de los procesos vitales, de manera que las ambiguas conexiones que anteriormente unían los objetos minerales con plantas y animales quedan rotas. Un resto del vitalismo telúrico a lo Giordano Bruno persistirá sin embargo hasta el siglo XIX con la teoría de la generación espontánea, que admitía la posibilidad de formación de moscas y gusanos a partir de materia putrefacta.

Esta singularización del concepto de ser vivo no solo afectó a la vida en cuanto fenómeno global, sino también a sus distintas partes. El postulado de la fijeza de las especies, que de una manera confusa se iba perfilando a través de las definiciones de Leibniz, Morison, Tournefort y Ray, está en la base del modelo taxonómico de Linné, cuyo sistema de nomenclatura binaria habría de proporcionar un método sencillo y ágil de sistematización de las formas biológicas. Esta sistematización, junto con la publicación de numerosas monografías y catálogos de colecciones, permitió a los incipientes paleontólogos delimitar conjuntos y entrar así en el juego de las semejanzas y las diferencias.

Por esta misma época tiene lugar la publicación del *Prodromus de solido intra solidum naturaliter contento* (Florencia, 1669), a cargo de Niels Steensen, más conocido como Stenon. En esta obra, que resume sus experiencias en la región de Toscana, Stenon elabora una primera teoría sobre el origen y disposición de los estratos que va mucho más allá de los breves esbozos de Leonardo da Vinci. Sus conclusiones, resumidas en cuatro grandes principios, permiten establecer polaridades en las secuencias de capas:

1. Las capas de la corteza terrestre son producto de la sedimentación en el agua.

2. Una capa que recubre a otra es posterior a la primera.

3. Una capa que encierra conchas marinas se ha depositado en el mar.

4. Toda capa marina se deposita, al comienzo, horizontalmente. Si hoy día vemos una capa inclinada es que ésta ha sido removida después de su depósito; si esta capa inclinada está recubierta por otra capa marina horizontal, es que fue removida antes del retorno del mar, que ha dejado este último depósito.

Todos estos principios, que en los manuales de geología posteriores se resumen en dos (principio de superposición y principio de ordenación), además de destacar el origen sedimentario de toda capa, contienen ya una referencia explícita a la estructura genética del conjunto, basada en el simple axioma de que el continente precede siempre al contenido. La importancia de los principios de Stenon radica en que por primera vez se dispone de un método de datación relativa para los estratos y los fósiles que éstos contienen. Así, Stenon distingue entre las «rocas primitivas», anteriores a la existencia de plantas y animales, y «rocas secundarias», superpuestas a las anteriores y que albergan ya fósiles. Además, Stenon compara los bivalvos fósiles que encuentra en Italia con las especies vivientes y distingue las especies marinas de las de agua dulce. Finalmente, establece seis grandes épocas, según el mar haya ocupado o no la tierra firme; un siglo antes que Buffon, un autor reconoce ya la historicidad de la naturaleza.

La cuestión diluvista y sus implicaciones

A partir del *Prodromus* de Stenon, diversas monografías irán preparando el terreno a la idea de que la naturaleza tiene una historia compleja. Así, en un primer momento, algunos autores corroboran que las especies fósiles reconocidas en un yacimiento no existen ya en la región de referencia. Tal es el caso de Galeazzi, quien, en 1711, comprobará que las conchas fósiles del Monte San Luca, cerca de Bolonia, no se parecen a las del Mediterráneo sino a las del océano Indico. Por su parte, Jean André de Luc, en sus *Lettres physiques et morales sur les montagnes et sur l'histoire de la Terre et de l'homme* (1778) comparará los nummulites a los huesos de sepia y afirmará que, a pesar de las diferencias de latitud y distancia, las formas encontradas en Bayona, en Italia y en la India son idénticas. Serafino Volta irá aún más lejos al afirmar que, de las 123 especies descritas en su *Ictiologia veronese,* doce carecen de representantes en las faunas vivas.

Todo ello contribuirá a afianzar la idea de que la naturaleza tiene una historia y de que las faunas que poblaron una región en el pasado han podido ser muy diferentes de las actuales. En una fecha tan temprana, sin embargo, ello no implica necesariamente el reconocimiento del fenómeno de la extinción (es decir, el reconocimiento de la existencia de *especies fósiles),* pues cabe pensar que las formas nuevas aparecidas en los yacimientos bien pudieran subsistir en las amplias regiones inexploradas que todavía existen en el siglo XVIII. Más significativo en este momento es el descubrimiento de que la Tierra muestra una historia mucho más compleja de lo que había supuesto la tradición bíblica. La difusión de esta nueva idea encontró una clara resistencia en los países con una férrea tradición luterana y calvinista, en los que la paleontología era entendida como una herramienta destinada a demostrar empíricamente la verdad del relato bíblico. En esa línea se inscriben las obras del suizo J.J. Scheuchzer como *Piscium querelae et vindiciae* o *Herbarium diluvianum.* Esta tradición concordista perdurará en Gran Bretaña hasta finales de siglo, a través de personajes tales como el predicador Wesley o el astrónomo Whiston.

Buffon

Muy diferente es la situación al otro lado del canal de la Mancha, en pleno centro cultural de Europa. En efecto, un vasto movimiento subterráneo de raíces laicas recorre Francia durante el siglo XVIII; toma cuerpo en una publicación de gran envergadura, la Enciclopedia, obra que aspira a recopilar todo el saber positivo de su tiempo y que al final habrá de ser impresa clandestinamente. En ella colaboran un gran número de conocidos representantes de la cultura francesa del momento: el matemático D'Alembert, los filósofos y literatos Condillac, D'Holbach, Diderot, Helvétius, Voltaire y Rousseau, el historiador Montesquieu, los economistas Quesnay y Turgot, y otros más. Los artículos de historia natural van firmados por Georges-Louis Leclerc, conde de Buffon.

Desde el campo de la historia natural, Buffon participará activamente en las tareas de divulgación cultural que se acometen en esta época. Su contribución a la paleontología se encuentra compendiada básicamente en dos de sus obras: *Théorie de la Terre* (1749), donde responde a las burlas de un Voltaire que ha confundido los comentarios de los diluvistas con la actividad específicamente paleontológica, y *Époques de la Nature* (1778), su obra más decisiva en tal dirección.

Como muchos de sus contemporáneos, Buffon se muestra impresionado por la obra de Newton, a cuya física recurre para explicar las variaciones observadas entre los seres vivos. Así, llega a afirmar que «la extensión y el incremento de los cuerpos vivientes o vegetantes sigue exactamente las leyes de la fuerza atractiva aumentándose a un mismo tiempo en las tres dimensiones».[6] A través de sus obras, sobre todo a través de sus *Époques de la Nature,* Buffon consagra la idea de una auténtica *Historia Natural,* lo que le obliga a intercalar en diversas ocasiones textos aclaratorios con respecto al Génesis y a tener que reali-

6. G.L. Buffon, «De la nomenclatura de los simios», *Los cuadrúpedos* (tomo 12 de *Obras completas),* Barcelona, 1835, pág. 99.

zar toda clase de piruetas semánticas, piruetas a las que, por lo demás, ya estaban habituados los autores de la Enciclopedia. Así, Buffon divide la historia de la Tierra en seis épocas, que llegan hasta los tiempos cosmológicos, y cifra el origen del planeta nada menos que 75.000 años antes. Esta cifra representa una edad fabulosa si se compara con los 40 días del diluvio bíblico, y su cálculo constituye un auténtico ejercicio de actualismo. Para llegar a él, Buffon imagina el tiempo que necesitaría la deposición de limo en las playas actuales para formar una colina de «mil toesas de altura». Además de considerar el origen de las montañas a partir de la sedimentación, el naturalista francés establece ya una clara distinción entre las rocas ígneas y las de origen marino.

Pero es en torno a las especulaciones de índole biogeográfica y paleoclimática donde se encuentra la aportación más sustancial de Buffon a la geología de su tiempo:

«En aquella época, pues, que no dista de la nuestra sino unos quince mil años a lo más, los elefantes, los rinocerontes, los hipopótamos, y probablemente todas las especies que no pueden multiplicarse en el día más que en la zona tórrida, vivían y se multiplicaban en las tierras del Norte, que obtenían igual grado de calor y eran, por consiguiente, tan propicias a su naturaleza como lo son ahora las demás».[7]

Este párrafo ilustra a la perfección dos de las características del pensamiento geológico de Buffon. En primer lugar, la referencia a «unos quince mil años a lo más» denota el interés de Buffon por acotar el tiempo geológico en unos límites concretos, a diferencia de otros autores como Stenon, que concebían el tiempo geológico como una vasta extensión sin límites, donde los ciclos de erosión y sedimentación se sucederían ininterrumpidamente. Por otra parte, la referencia a hipopótamos, rinocerontes y elefantes muestra que Buffon, al igual que su sucesor Lamarck, no concibe la existencia de especies fósiles o extinguidas. Los cambios en la distribución de la fauna se suceden en el espacio pero no en el tiempo:

7. G.L. Buffon, *Epocas de la Naturaleza* (tomo 2 de *Obras completas)*, Barcelona, 1835, pág. 54.

«No podemos dudar de que después de haber ocupado estos animales las partes septentrionales de Rusia y de la Siberia hasta los 60 grados, donde se han encontrado sus despojos en gran copia, hayan pasado a tierras menos septentrionales, puesto que se divisan también estos despojos en Moscovia, en Polonia, en Alemania, en Inglaterra, en Francia, en Italia, etcétera; de modo que, a medida que las tierras del Norte se enfriaban, iban también estos animales en busca de otras más calientes».

Por lo demás, la distribución de esta fauna no viene condicionada tan sólo por la temperatura, sino por las conexiones entre las masas continentales. Si estos elementos tropicales se encuentran al mismo tiempo en los países septentrionales de Europa, Asia y América, «es indudable», deduce Buffon, «que ambos continentes se hallaban a la sazón unidos, y no se separaron sino en tiempos posteriores».

En sus obras Buffon prefigura claramente las ideas actualistas que tomarán cuerpo con Hutton y, sobre todo, con Lyell. Como Hutton, Buffon trata de explicar los acontecimientos del pasado recurriendo a los mecanismos que actualmente modelan el paisaje terrestre. Ambos utilizarán un mismo título *(Teoría de la Tierra)* para bautizar una de sus obras. Las coincidencias entre ellos, no obstante, acaban ahí. La obra de Buffon, altamente especulativa, carece de un auténtico soporte geológico, al contrario que la voluminosa *Theory of the Earth* de Hutton, escrita con un estilo abstruso, en las antípodas de la elegante prosa del primero. Las ideas de Hutton empezaron a difundirse indirectamente a través de la obra de su discípulo John Playfair, *Ilustrations of the Huttonian Theory,* publicada en 1802. Gracias pues a las obras de Buffon, Hutton y Playfair, el actualismo comenzó a introducirse en el naciente pensamiento geológico y llegó a desempeñar, de hecho, un papel fundamental no sólo en la interpretación de la realidad geológica sino, sobre todo, de la realidad biológica. En efecto, a finales del siglo XVIII, Buffon y Hutton deben todavía combatir contra una concepción antropomórfica del tiempo que concibe el desarrollo de la creación como una larga preparación para la entrada del hombre en escena. Una vez adecuada la Tierra para acoger al hombre y una vez entronizado éste en su centro, las antiguas convulsiones que habrían modelado la superficie del globo no serían ya necesarias y el

planeta entraría en una nueva era de estabilidad (estabilidad sólo
rota por los pecados de la humanidad). Por el contrario, las obras
de Buffon y Hutton nos presentan un planeta cuyas fluctuaciones no muestran un plan preestablecido. Los pequeños y
diversos inquilinos que lo pueblan, incluido el hombre, deben,
por tanto, adaptarse a él y no al revés. De aquí a concebir la
sucesión orgánica como un proceso de adaptación sólo media
un paso.

2
Catastrofismo contra evolución

Con la introducción del concepto de evolución biológica, la biología y la paleontología se vieron envueltas durante cerca de cien años en uno de los debates más fructíferos de su historia. Como en casos análogos, el citado debate desbordó ampliamente los estrictos límites de ambas ciencias, derivando hacia aspectos que implicaban a la filosofía y a la cultura de su tiempo. Así, la naciente biología evolutiva tuvo la virtud de introducir una clara beligerancia en la historia de las ideas, que se vio súbitamente poblada por héroes y villanos (según fuese en cada caso la actitud mantenida hacia la idea de evolución orgánica). Y uno de los «villanos» más significativos de la historia de la biología ha sido, sin duda, Georges Cuvier.

Cuvier, nacido en 1769 en el seno de una familia luterana establecida en Montebeliard, fue una de las personalidades más representativas de la Francia de su tiempo. Fundador de la paleontología de vertebrados y de la anatomía comparada, entró a formar parte del Museo Nacional de Historia Natural en 1795. Al año siguiente, el joven naturalista (sólo contaba, a la sazón, veintisiete años) presentó, en el Instituto Nacional de Ciencias y Artes de París, su *Mémoire sur les espèces d'Eléphants tant vivants comme fossiles,* donde, por primera vez, se demostraba efectivamente la existencia de especies fósiles (o extintas). Posteriormente, en 1812, compiló lo que sería su contribución más sobresaliente a la paleontología, a saber, sus *Recherches sur les ossements fossiles de quadrupèdes.* Como introducción a esta serie de volúmenes, Cuvier escribió un extenso prólogo que luego sería editado aisladamente con el título de *Discours sur les révolutions de la surface du globe.* El propósito del *Discours...* no era otro que el de incidir sobre las dos principales tesis que posteriormente le valdrían su entronización en el reino de los «villanos evolutivos», a saber, su fijismo biológico y su catastrofismo geológico.

Fijismo

En primer y principal lugar está la cuestión del fijismo biológico: las especies son entidades discretas, sin posibilidad de transición entre unas y otras. Esta tesis, comúnmente reconocida en su época, entró en contradicción con el evolucionismo balbuciente de su más o menos contemporáneo Lamarck. Cuvier, un cuarto de siglo más joven que Lamarck, polemizó con éste y con su discípulo Geoffroy Saint-Hilaire, con un resultado que, en vida, le fue siempre favorable. Por el contrario, con el auge del evolucionismo darwiniano, Lamarck pasó a ocupar el papel de «héroe», en contraste con el fijista Cuvier. Para completar el cuadro, Georges Cuvier no ha podido sustraerse a una velada impresión de camaleonismo político (al contrario que Lamarck). Profesor de anatomía comparada en el recién creado Museo Nacional de Historia Natural durante la Convención, secretario de la Academia de Ciencias con Napoleón, ministro para cultos no católicos con Luis XIII y Carlos X y, finalmente, par de Francia con Luis-Felipe, Cuvier fue capaz de convivir con casi todos los regímenes políticos de la Francia de su tiempo, sin que ello fuese causa de una especial incomodidad. Se comprende, pues, que con el triunfo del evolucionismo y del actualismo durante la etapa de la revolución industrial, Cuvier se convirtiese en un símbolo de la reacción fijista. Ha habido que esperar casi un siglo para que la figura de Cuvier fuese de nuevo reivindicada desde el punto de vista del pensamiento paleontológico y evolutivo. Muy coherentemente, y si se exceptúa a la paleontología francesa, esta primera recuperación pública de Cuvier se inició en el marco de la filosofía estructuralista y fue avalada posteriormente por la paleontología anglosajona (Rudwik, Gould y otros).

En realidad, el carácter fijista o «transformista» de Cuvier o Lamarck presenta derivaciones que van más allá de la simple adscripción de uno u otro al bando «progresista» o «reaccionario». Para empezar, existía entre ambos autores una fundamental disparidad metodológica, disparidad que, como es frecuente en estos casos, nace de sus propios objetos de estudio. Cuvier dedicó toda su vida al estudio de los vertebrados fósiles, en tanto

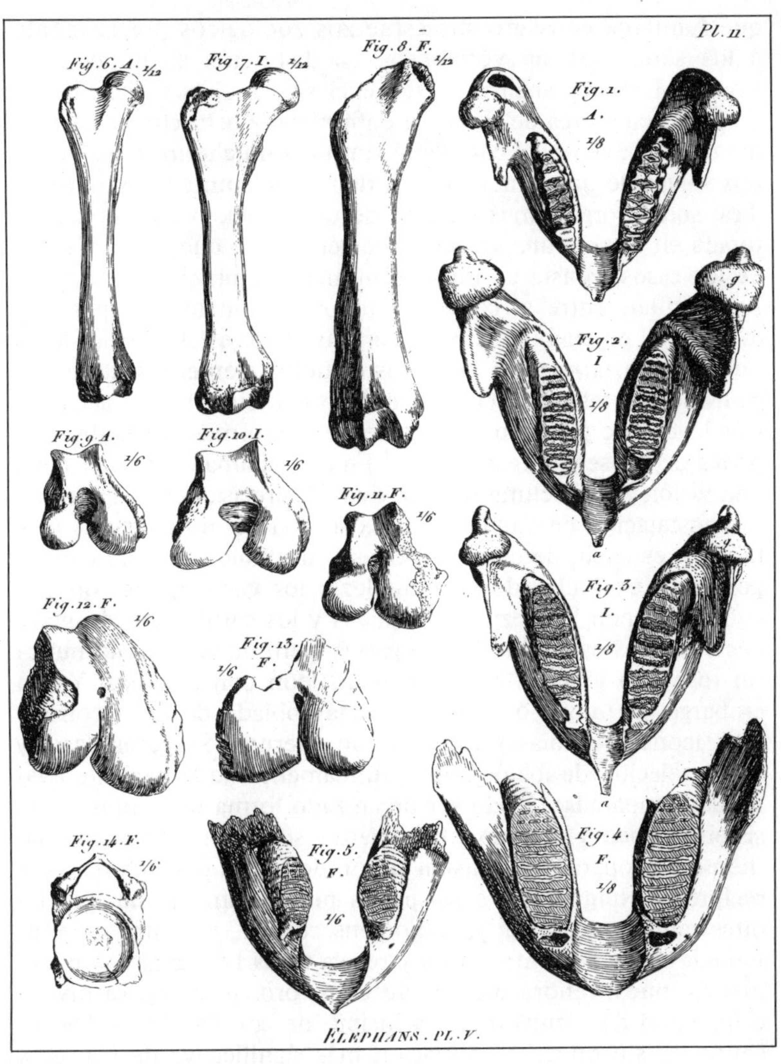

Figura 1. En su estudio sobre los «elefantes fósiles» de diversas partes de Europa, Cuvier pudo demostrar la existencia de especies completamente extinguidas, diferentes de las actuales. En esta lámina, procedente de su obra *Recherches sur les ossements fossiles,* este autor compara una mandíbula y diversas piezas de «elefante fósil» (figs. 4-5 y 11-14) con las piezas homólogas del elefante africano (figs. 1, 6 y 9) y asiático (figs. 2, 3, 7 y 10).

31

que Lamarck consagró sus esfuerzos zoológicos precisamente a los «animales sin vértebras». La distinción es importante. Cuando Lamarck analizó las secuencias de moluscos del Eoceno de los alrededores de París, se enfrentaba a estructuras relativamente sencillas, cuya complejidad no iba mucho más allá de las dos valvas de una almeja. Los vertebrados, como su nombre indica, somos organismos dotados de un esqueleto interno estructurado en torno a una secuencia de vértebras y que, en la mayoría de los casos, consta de un gran número de piezas diversas que se articulan.entre sí como un todo funcionalmente perfecto (o casi). El objetivo de Cuvier era muy claro: establecer las leyes que regulan la relación entre los distintos elementos de un organismo (vertebrado). O, para decirlo con sus propias palabras, «las leyes que presiden la coexistencia de formas de las diversas partes de los seres organizados».[1] Frente a Lamarck, Cuvier tiene una visión arquitectural del ser vivo. Y, precisamente, la primera constatación de Cuvier es la existencia de arquitecturas prohibidas, es decir, de combinaciones concebibles que, sin embargo, están excluidas de la naturaleza: los vertebrados con dos cuernos tienen las pezuñas hendidas y los carnívoros con grandes colmillos están dotados de garras, pero nadie ha visto nunca un toro con grandes colmillos o un león con pezuñas. Y, sin embargo, el universo mitológico está poblado de toros con garras, leones con alas y caballos con cuernos. Surge así la «ley de correlación de los órganos», fundamento de la naciente anatomía comparada: «Todo ser organizado forma un conjunto, un sistema único y cerrado, cuyas partes se corresponden mutuamente y cooperan a la misma acción definitiva por una reacción recíproca. Ninguna de estas partes puede cambiar sin que las otras cambien también; y, como consecuencia, cada una de ellas, tomada separadamente, indica y revela todas las demás». Un carnívoro, pues, tendrá dientes de carnívoro, patas de carnívoro e intestino de carnívoro. El principio de correlación de los órganos es, sin duda, la aportación más significativa de Cuvier a la ciencia de su tiempo. Es también el argumento lógico que le impide aceptar la mutabilidad de las especies (o evolución) propuesta por Lamarck. Tomemos, por ejemplo, ese mismo car-

1. G. Cuvier, *Discours sur les révolutions de la surface du globe* (1825), C. Bourgois, París, 1985, pág. 32.

nívoro al que ya nos hemos referido, con sus dientes, patas e intestinos. ¿Cómo imaginar su transformación en algo diferente, por ejemplo con extremidades de carnívoro pero dientes de oveja? La modificación de una pieza implicaría la modificación de todo el organismo.

Por el contrario, más allá de lo que son los caracteres más generales del organismo, Cuvier acepta la posibilidad de existencia de modificaciones particulares (por ejemplo, según el tamaño o los hábitos de las especies que el carnívoro deba cazar): «de cada una de estas condiciones resultan modificaciones de detalle que derivan de las condiciones generales». A medida que descendemos a categorías sistemáticas cada vez más restringidas, por debajo del orden, la significación de un carácter se hace cada vez menos evidente. Cuvier admite que debe existir una «razón suficiente» para la especifidad de estas modificaciones menores, pero ésta todavía nos es desconocida.

¿Cabe pensar, pues, que Cuvier admitía un «evolucionismo moderado», es decir, la existencia de una cierta capacidad de adaptación a unas condiciones particulares? Sí, en la medida que este «evolucionismo moderado» es contrapuesto al evolucionismo más general que, como el de Lamarck, presuponía la modificación de las especies. Para entender el problema es necesario detenerse en el concepto de evolución que preconizó este último autor. Lamarck sigue a Hutton en su concepción de «tiempo ilimitado» que el geólogo británico desarrollara en su *Theory of the Earth:* una inmensidad indefinida sin límites ni divisiones. La naturaleza es un continuo que sigue exactamente las variaciones del clima y del ambiente. Ya se trate de sequías prolongadas o de súbitos descensos de la temperatura, la voluntad del ser vivo forzará su adaptación a cada una de las condiciones cambiantes del globo. En un universo de este tipo, no hay cabida para lo que se ha llamado «la progresión de la vida»: son las fluctuaciones del medio las que determinan en cada momento la composición concreta de las faunas. La evolución en Lamarck, pues, presupone el cambio pero no la historia: la generación de nuevas formas se produce continuamente y es la misma competencia entre ellas la que permite mantener el orden global de la naturaleza. En un universo cambiante en el que cada ser vivo amolda su constitución a las circunstancias, carece de sentido hablar de extinción. A los que, como Cuvier, han pretendido demostrar la existencia de especies extinguidas o fósiles, Lamarck contrapone el conocimiento todavía limitado que en su época se tenía de la realidad zoológica: «es sabido que los seres vivos que habitan las profundidades de los mares serán difícilmente conocidos por nosotros; pero negar su existencia por este motivo no nos parece razonable».[2] La vida sería, pues, un *continuum* gradual que, desde el protoplasma al hombre, se extendería sin discontinuidades sobre el tejido de condiciones particulares de cada ambiente. Lamarck acepta incluso la idea de la «generación espontánea», la producción permanente de nuevos seres vivos elementales a partir de elementos inorgánicos, como mecanismo permanente de alimentación de la biosfera: «La naturaleza forma necesariamente generaciones espontáneas o directas, en los extremos de cada reino de los seres vivos en donde se encuentran los cuerpos organizados más simples».[3] En este universo de cambio continuo y permanente, las especies deben ser consideradas como meras construcciones mentales que nos ayudan en nuestro análisis de los seres vivos, pero sin una existencia real o estable: sólo cabe pensar en la infinita variabilidad de los seres vivos como respuesta a las modificaciones locales del ambiente.

Es aquí donde el desacuerdo con Cuvier se hace más evidente. Cuvier no niega la posibilidad de modificación de los seres vivos: es evidente en el caso de las razas domésticas. Pero estas modificaciones no llegan a producirse en la naturaleza: «La naturaleza tiene cuidado, a su vez, de impedir la alteración de las especies que podría resultar de su mezcla, por la aversión mutua con las que las ha provisto». Sólo el «imperio del hombre» puede alterar este orden, forzando la aparición de todas las variedades posibles (variedades que, por sí misma, la especie jamás habría podido producir). La distinción operada por Cuvier entre caracteres «superficiales» variables y poco significativos, frente a los caracteres estructurales inmutables que delimitan la especie permite a este autor aceptar la posibilidad de adaptación, sin negar por ello la estabilidad de las especies: «En el caso de las *varie-*

2. J.B. Lamarck, *Hydrogéologie,* en B. Mantoy, *Lamarck,* Seghers, París, 1968, págs. 57-58.
3. J.B. Lamarck, *Recherches sur l'Organisation des Corps vivants* (1802), en B. Mantoy, *op. cit.,* pág. 88.

dades, observamos que las diferencias que las constituyen dependen de circunstancias determinadas y que su alcance aumenta con la intensidad de estas circunstancias. Así, los caracteres más superficiales son los más variables [...], pero en un animal salvaje estas mismas variedades están fuertemente limitadas por la naturaleza del propio animal, que no se aleja demasiado de los lugares en que se encuentra todo lo necesario para el mantenimiento de la especie». Como Lamarck, pues, Cuvier concibe la existencia de un mecanismo de adaptación. A diferencia de él, sin embargo —y esta es *toda* la diferencia—, considera que cada categoría de ser vivo —cada especie— constituye una entidad discreta que juega su papel en un universo orgánicamente trabado y estable, sólo modificable por grandes revoluciones de vasto alcance. En tanto que el registro fósil no proporciona indicio alguno sobre el origen o la posible mutabilidad de las especies, y en tanto que el evolucionismo difuso de Lamarck soslaya el problema negándoles su carta de naturaleza, el antitransformismo de Cuvier es más una defensa de la realidad de la especie que una negación de la posibilidad de variación.

Catastrofismo

En geología, el descrédito de Cuvier nació de su defensa del catastrofismo: cada cierto tiempo, la Tierra se vería sacudida por violentas revoluciones que traerían como consecuencia la extinción de la fauna existente. Después de cada gran catástrofe, un nuevo conjunto florístico y faunístico se extendería por la superficie del globo, inaugurando una nueva era. Esta idea de un tiempo geológico estructurado en periodos de estabilidad cortados a su vez por súbitas revoluciones entraba ciertamente en contradicción con lo que después se convertiría en el flamante actualismo de Charles Lyell. En realidad, gran parte del problema estriba en que, en el ámbito anglosajón, Cuvier fue raramente leído en versión original. Por el contrario, su teoría de las «revoluciones del globo» fue rápidamente asumida y «traducida» por los concordistas británicos en su propósito de proporcionar un fundamento científico al relato bíblico de la creación. La versión concordista de la teoría de Cuvier supone una tierra periódicamente devastada en la que a cada catástrofe seguiría una nueva creación *ex nihilo* de todas las especies. Obviamente, el diluvio bíblico correspondería a la más reciente de estas catástrofes. La apropiación indebida de las ideas de Cuvier por parte de los concordistas es tanto más patente cuanto que en el *Discours...* la Biblia es sólo citada en una ocasión, en el contexto de una discusión que hace referencia a diversos relatos mitológicos (como el mito de la Atlántida). Como naturalista francés, y a pesar de sus raíces protestantes, Cuvier enlaza con una tradición enciclopedista en la que también se incluyen Buffon y Lamarck. El carácter eminentemente laico de sus investigaciones queda completamente al margen de las elucubraciones diluvistas que se desarrollarán en otras partes de Europa como Gran Bretaña o Alemania. De otro lado, Cuvier no se plantea en absoluto el tema del origen de las especies, problema que, como Lyell, considera irresoluble en ese momento. El paleontólogo francés constata que éstas aparecen ya plenamente formadas, sin etapas de transición, después de cada catástrofe. En realidad, las discrepancias que separan la concepción del ser vivo por parte de Lamarck y de Cuvier nacen de la propia formación de geólogo de campo de este último. El catastrofismo geológico le llega a Cuvier de la mano de Blumenbach y otros geólogos de la escuela alemana, donde esta idea estaba firmemente establecida. Es innegable que el término «revolución» que Cuvier utiliza para encabezar su *Discours...* debía mantener unas connotaciones inequívocas en la mente de sus contemporáneos y sugería una clara correspondencia entre el desarrollo de la humanidad y el de la naturaleza. Una diferente concepción del curso de la historia humana hallaba su correlato en una también diferente concepción del curso de la historia natural. De hecho, el término «revoluciones del globo» no suele aparecer en las obras anteriores a los sucesos de 1789. Así, Buffon, al adjudicar una historicidad real a la «Historia Natural», utilizará la denominación «Epocas de la Naturaleza». Pero las «épocas» de Buffon tienen más que ver con los «días» de la Creación que con las abruptas «revoluciones» de Cuvier.

Ahora bien, bajo de la teoría de las «revoluciones» del paleontólogo francés subyace algo más que la pura constatación empírica de un recambio súbito de faunas. Lo que en realidad subyace es todo un modelo de cambio en la naturaleza, una auténtica «teoría de las crisis» que se corresponde con una visión holística (casi diríamos, «ecológica») del mundo orgánico. En efecto, cuando Cuvier analiza las asociaciones faunísticas que encuentra en los yesos de Montmartre o en los depósitos cuaternarios de los Países Bajos, éstas aparecen ante él como un conjunto armonioso, orgánicamente trabado, en el que las distintas especies encajan entre sí y con su ambiente al igual que las distintas partes del organismo conforman un resultado funcionalmente perfecto. En este contexto, ¿qué sentido tiene el cambio gradual de una especie? Y lo que es más grave, ¿cómo imaginar tal cambio? ¿Cómo es posible que una especie, *por sí misma,* evolucione más allá del estricto papel que juega dentro del conjunto?, ¿cómo sustituir una o varias piezas de ese conjunto armónico sin provocar al mismo tiempo el desmoronamiento de todo el sistema? Ante esta visión curiosamente holística, Cuvier sólo tiene una respuesta: el efectivo desmoronamiento del sistema —la «revolución»— y su sustitución íntegra por otro diferente.

Así pues, el catastrofismo de Cuvier no nace de un creacionismo ingenuo, sino que es la consecuencia lógica de una concepción holista de las asociaciones de fósiles. Sin duda, la etiqueta creacionista con la que aparece en muchas obras de divulgación hubiese constituido para él un motivo de risa. Una risa, como la de Foucault, filosófica y, por tanto, silenciosa.

3
La influencia del catastrofismo revisado

A diferencia de otras disciplinas, en las que el progreso científico suele ir ligado a la aparición de una nueva teoría o al desarrollo de una nueva técnica, la paleontología depende todavía en buena medida del factor «descubrimiento». Es el descubrimiento de nuevos restos fósiles lo que muchas veces desencadena una súbita revolución en la concepción que se tenía de una determinada fase del proceso evolutivo. Este factor relativamente aleatorio, «el descubrimiento», no es neutro desde el punto de vista epistemológico, sino que su incidencia depende en buena medida del entorno ideológico en el que se encuadra. Un ejemplo clásico de ello son las «leyes de Mendel», elaboradas en el año 1865 en el seno de una pequeña población del Imperio Austro-Húngaro, y sólo redescubiertas a principios del siglo XX, más de treinta años después.

Un ejemplo menos divulgado, aunque igualmente significativo, se sitúa en una pequeña localidad próxima al Pirineo catalán, Banyoles, donde, en 1898, Pere Alsius, farmacéutico de la población y naturalista local, descubrió el primer resto humano atribuible a un *Homo erectus* evolucionado, diferente, por tanto, del actual *Homo sapiens* y de su antecesor en Europa, el «hombre de Neanderthal» (conocido desde 1856). Dos años después del hallazgo de Alsius, Dubois descubriría en las Antillas holandesas los restos del *Pithecanthropus erectus,* formalmente reconocido hoy día como *Homo erectus,* con el cual se llenaría un vacío de interés fundamental para la evolución humana y se abriría una nueva etapa en el conocimiento del origen del hombre. Sin embargo, en el caso del resto de Banyoles —una mandíbula en buen estado de conservación en la que, por lo demás, los rasgos primitivos son claramente evidentes—, hicieron falta más de diez años para que, finalmente, E. Hernández-Pacheco y H. Obermaier realizasen un primer estudio. En este primer trabajo, y en otros posteriores, esta pieza fue incluida dentro de los neandertales, haciendo caso omiso, por tanto, de los caracteres que mostraban un mayor primitivismo. ¿Qué es lo que impidió que la mandíbula de Banyoles alcanzase ya desde un principio la posición que le correspondía en el ámbito de la paleontología humana? ¿Qué es lo que la mantuvo apartada de la discusión científica durante cerca de diez años? La respuesta se encuentra en su propio descubridor y en el entorno científico y cultural en el que aquel se movía.

Sin duda, Pere Alsius, apotecario ilustre, pasará a la historia como descubridor de la mandíbula del homínido de Banyoles. Sin embargo, este importantísimo hallazgo ocupa una posición relativamente modesta en el marco de su producción científica. Por el contrario, ésta está dedicada, en su mayor parte, a la reconstrucción de la historia geológica de su región, ámbito en el que sus ensayos constituyen una aportación paradigmática que puede ilustrarnos sobre los avatares de la ciencia paleontológica en una modesta villa del sur de Europa hacia finales del siglo XIX. Una ciencia, por cierto, en plena efervescencia tras los debates que todavía colean por esas fechas (y más en un país tan retrasado científicamente como la España de finales del XIX). En efecto, al menos dos grandes controversias afectan aún al pensamiento paleobiológico en Europa cuando se inicia el último cuarto de siglo. De un lado, la polémica estrictamente geológica entre catastrofistas y actualistas, aunque ya prácticamente resuelta por esas fechas, deja sentir sus efectos tardíos a este lado de los Pirineos. La postura catastrofista, según la cual la actual configuración de la Tierra y la sucesión de sus faunas son fruto de periódicas y abruptas catástrofes, a las que siguen periodos de estabilidad, cuenta con el ilustre antecedente de Cuvier. La otra postura, la actualista, tiene en el geólogo británico Charles Lyell su máximo exponente. Según la teoría que Lyell expone en sus famosos *Principles of Geology,* no es necesario acudir a causas extraordinarias para explicar la actual configuración de la Tierra. Las grandes dislocaciones que se observan sobre el terreno, anteriormente atribuidas a tremendos terremotos y otras catástrofes, son en realidad el fruto de continuos y graduales esfuerzos producidos lenta y persistentemente a lo largo de millones de años por los mismos agentes geológicos que hoy conocemos.

Esta última postura también influyó decisivamente en el segundo gran debate que mencionábamos, a saber, la posibilidad de que unas especies se transformen en otras por evolución (incluido el hombre). Como se sabe, tanto el actualismo como el gradualismo geológicos influyeron decisivamente en la mente del joven Darwin, cuya teoría de la selección natural aparece profundamente teñida de ambos. En realidad, y de acuerdo con autores como Eldredge, Stanley o Raup, los términos generales de dicho debate distan mucho de estar extinguidos. Ha sido S.J. Gould quien ha ido más lejos en esta dirección al proponer que al menos tres tipos de actitudes intelectuales se repiten periódicamente en el pensamiento paleontológico a modo de «eternas metáforas».[1] Según este autor, las tres grandes preguntas a las que históricamente los paleontólogos han tratado de dar respuesta se refieren a la direccionalidad del cambio, la modalidad del cambio y el ritmo del cambio. En el primer caso, Gould distingue entre «estacionaristas» *(steady-state)* y direccionistas. Para los primeros, herederos del universo mecánico de Descartes y Newton, los cambios se sucederían al azar, sin dirección precisa. El progreso no existiría y toda referencia a una «evolución ascendente» estaría fuera de lugar. En tal universo los dinosaurios podrían reaparecer algún día, y la historia o los factores históricos serían una quimera. La evolución sería un proceso reversible, producto exclusivo de las condiciones cambiantes del ambiente. Por el contrario, para los direccionistas, la evolución sería un proceso irreversible, en el que existe una dirección («la flecha de la evolución») y en el que es posible distinguir etapas sucesivas que conducen a una progresiva complicación de los organismos. Es curioso constatar cómo ambas posturas son ciertamente transplantables a otros dominios del conocimiento, como la cosmología o la antropología. En el primer caso, la confrontación entre un modelo de universo estacionario y un modelo de universo en expansión traduce de una manera muy parecida los términos del debate paleobiológico. Por su parte, en el caso de las ciencias humanas, el análisis estructuralista ha introducido *de facto* argumentos estacionaristas en la interpretación de la evolución de las sociedades.

1. S.J. Gould, «Eternal metaphors of Paleontology», en A. Hallam, ed., *Patterns of evolution as ilustrated by the fossil record,* Elsevier, Amsterdam, 1977.

40

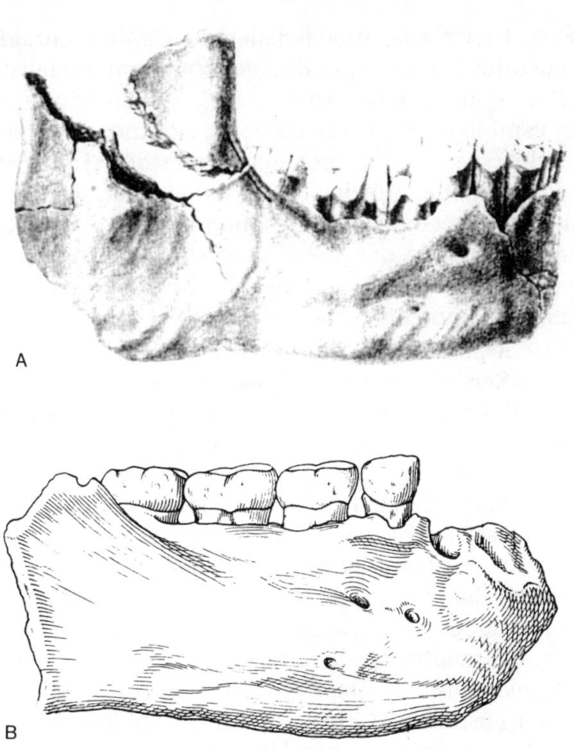

Figura 2. A) Mandíbula en vista lateral del preneandertal de Banyoles. B) Mandíbula en vista lateral de *Homo erectus* de Sargiran (Java). Modificado a partir de De Lumley y Neidenreich.

Por lo que hace a las modalidades del cambio, Gould distingue dos posturas básicas, que designa como ambientalista *(environmentalist)* e internalista *(internalist)*. En el primer caso, el motor del cambio es el medio ambiente externo, cuyas oscilaciones son fielmente seguidas por los organismos. En el segundo caso, la componente principal del cambio nace de los propios organismos, proyectándose externamente hacia el ambiente.

Finalmente, por lo que respecta al ritmo del cambio, el debate se centraría entre lo que Gould llama «puntualismo» (del que el catastrofismo sería una variante) y el gradualismo. En el primer caso, la historia geológica y biológica sería una sucesión de periodos de estabilidad momentáneamente rotos por fases de cambio muy rápido («puntuaciones» o «catástrofes»). Para los gradualistas, por el contrario, la evolución sería un proceso lento y gradual que, poco a poco («grano a grano»), daría lugar a la actual diversidad de fenómenos que conocemos.

Las tres características descritas permiten la elaboración de una matriz de 3×3 mediante la cual cualquier paleontólogo, ya sea de este siglo o del pasado, puede ser clasificado. Así, por ejemplo, Lamarck puede ser incluido dentro de la categoría EIG (estacionarista, internalista, gradualista), Darwin fue un DAG (direccionista, ambientalista, gradualista) mientras que Lyell adoptó en principio una postura EAG (estacionarista, ambientalista, gradualista) para abrazar después, con Darwin, el partido de los DAG.

Alsius como paleontólogo

Alsius, como paleontólogo, tiene una obra discreta pero altamente significativa. Sus trabajos dentro de esta línea se inician con su «Breu ensaig geológich de la conca de Banyolas», publicado en varias partes entre 1871 y 1872 en la revista *La Renaixensa*. El éxito de esta serie debió animarle a redactar una segunda parte, esta vez más amplia, con el título de «Estudios geológicos sobre la región central de Gerona», publicados en la *Revista de Gerona* en 1878 y 1879. Posteriormente hizo referencia de nuevo a estos temas en su *Cuadro paleoetnológico de la Provincia de Gerona* (a veces incorrectamente citado como *Cuadro paleontológico...*), publicado por la Asociación Literaria de Gerona en 1884. Pero, sin duda, su contribución más importante a

Figura 3. Pere Alsius en su Banyoles natal.

la paleontología de vertebrados se encuentra en su descripción de la fauna cuaternaria de la «Bora Gran d'en Carreras», publicada en 1908. A través de todas estas publicaciones podemos hacernos una idea de la concepción del mundo dominante entre la comunidad de naturalistas de nuestro país en la última parte del siglo XIX, comunidad de la que Pere Alsius constituye un caso ejemplar.

El naturalismo ilustrado que da origen a la ciencia natural en el siglo XIX sólo muy tardíamente se profesionaliza: Darwin se enroló en el *Beagle* sin una titulación específica, en tanto que Lyell era un jurista. Este naturalismo desconocía las restricciones al estudio que impone el aumento desbordante de información y la progresiva especialización en cada área de trabajo. De ahí que en la obra geológica de Alsius se encuentre una gran diversidad de intereses, entre los que se incluyen la prehistoria y la arqueología. De esta manera, la historia (humana) se entrelaza sin solución de continuidad con la historia geológica («la historia natural»).

Dentro de este naturalismo cabe distinguir dos componentes básicos. De un lado está la observación, a la que se concede un gran valor por cuanto proporciona los elementos básicos para la elaboración de la historia natural de una región. De otro, el marco epistemológico concreto, que se superpone a los datos empíricos y permite su interpretación en uno u otro sentido (catastrofismo, gradualismo, evolucionismo, fijismo...).

Ambos componentes quedan patentes en la obra de Alsius quien, como buen naturalista, poseía una gran capacidad de observación que plasmaba luego en minuciosas descripciones. Realizó un trabajo modélico sobre la fauna cuaternaria de la Bora Gran d'en Carreras, en el que describe hasta veintidós especies diferentes de mamíferos entre los que incluye restos de erizo, lobo, comadreja, marta, liebre, ciervo, gamo, cabra y otros. También la geología se benefició de esta capacidad de observación: en un texto publicado en la *Revista de Gerona* sobre el antiguo «mar nummulítico» eocénico, Alsius señala que la superposición de las capas de arcilla es completamente regular, conservando el paralelismo primitivo aun cuando no se encuentren en posición horizontal. Observa igualmente su perfecta concordancia con las rocas del piso inmediatamente anterior, «práctica demostración de haber sido sedimentados sus materiales sucesivamente en las aguas de un mismo mar, sin haber sobrevenido cataclismo alguno que imprimiese discordancia en el modo de depositarse la roca de un piso respecto del que le servía de base».[2]

Sin embargo, Alsius no se detiene en la pura descripción de los elementos de su entorno, sino que los enlaza entre sí para elaborar una auténtica *historia*. En ese momento entra en juego la concepción del mundo de Pere Alsius.

La concepción del mundo de Pere Alsius

Alsius es, ante todo, un geólogo de corte catastrofista, aun cuando esta línea de pensamiento agoniza ya en el resto de Europa en la época en que él redacta sus primeros artículos. Para nuestro autor, la historia de la Tierra se compone de una sucesión de fases de estabilidad, súbitamente cortadas por tremendos cataclismos que cambian la faz del planeta. Una primera fase de estabilidad, con altas temperaturas y clima homogéneo, se detecta al inicio del Terciario, durante el Eoceno. Alsius se refiere al «apacible seno de las aguas del mar nummulítico» y a las especies de moluscos de tipo tropical que en él se depositaron: *Ovula, Oliva, Natica, Solen* («ovalados en sus bordes como los de los paises cálidos y no rectos como lo son los de las latitudes septentrionales»). Todo ello le permite deducir que «durante los tiempos del mar nummulítico gozaba esta parte del hemisferio de un clima muy parecido al que en la actualidad se disfruta en la zona tórrida».

En estas condiciones ambientales se desarrolló la primera parte de la Era Terciaria, «hasta que un cataclismo horroroso levantó y dejó en seco los bancos de roca en su seno sedimentadas y las más antiguas que le sirvieron de lecho». Posteriormente, se entra de nuevo en una fase de estabilidad geológica y climática. Nuevamente, el naturalista gerundense encuentra indicios de que una fauna de tipo tropical poblaba entonces el norte de la península Ibérica: molares de elefante primigenio en el alto valle de Viaña; restos de hipopótamos cerca de Serinyà, en la meseta de Espolla; un hermoso ejemplar de elefante

2. P. Alsius, «Estudios geológicos sobre la región central de la provincia de Gerona», *Revista de Gerona*, II (1878), pág. 158.

meridional en la riera de Santa Eulàlia de Ronsanas, en la provincia de Barcelona, sin olvidar los despojos fósiles de elefante africano encontrados en los arenales de San Isidro, «no lejos de la coronada villa». En este momento, cuando la Tierra entra en un nuevo clímax ambiental, el hombre hace su aparición sobre la Tierra:

«Con el Génesis podríamos decir que discurría con plenitud el día sexto y, según el común sentir de los geólogos modernos, asegurar con la mayor probabilidad que aquella fue la época de la aparición de la especie humana; llamada por tanto a la vida en el momento solemne en que la Tierra se hallaba convertida en un vergel de aromatizante vegetación y enriquecida por todo género de animales, inclusos los de organización más complicada».

Como en el caso de los concordistas ingleses, el catastrofismo de Alsius se combina con una visión direccionista de la historia de la Tierra, a su juicio dividida en una serie de etapas que se corresponden con los seis días de la creación. Al igual que en el Génesis, el transcurso de estas etapas contempla una progresiva complejificación de la vida, tendente a crear las condiciones adecuadas para la implantación del hombre sobre la Tierra. En el momento en que «aparecieron y cubrieron la Tierra los verdaderos mamíferos y los reptiles terrestres, alcanzando éstos, lo mismo que las especies marinas, formas y condiciones de vida idénticas a las que ahora son comunes a los seres organizados», la Tierra estaba ya en condiciones para albergar a la criatura humana. Este periodo se correspondería con el sexto día de la creación, «viniendo a parar la religión y la ciencia que hacia el fin de ese día o periodo apareció el Hombre para recibir de manos del mismo Creador la investidura de posesión y dominio sobre todo lo creado». La historia geológica es, pues, un proceso de organización que culmina con la aparición de la especie humana, justo cuando la Tierra se haya convertida en «un vergel de aromatizante vegetación»:

«La ciencia, con sus solas luces, no puede revelarnos lo que fue el hombre al salir de las manos de su Creador, radiante de vigor y hermosura y ennoblecido por el soplo de vida que en su levantada frente imprimiera la Omnipotencia divina; debe contentarse con darnos a conocer los poéticos detalles del vistoso panorama que ofrecía el edén que sirvió de cuna al primer par humano, para gozar en él de pasajera dicha».

Alsius mantiene una posición ambientalista con respecto a las causas que condicionan la existencia de un determinado tipo de fauna en una región. Así, durante las fases de estabilidad, cada elemento faunístico está, en un momento dado, en perfecta armonía con el ambiente que le rodea. Tal es el caso, como hemos visto, de los moluscos del mar nummulítico, o de las faunas de mamíferos «tropicales» de finales del Terciario. Tal es el caso también del hombre, que no entra en escena hasta que las condiciones ambientales son las más adecuadas para él. Por el contrario, cada nueva catástrofe trae consigo la extinción de la fauna preexistente, incapaz de adaptarse a las nuevas condiciones. Tal sucede, por ejemplo, con la llegada del periodo glacial:

«En sus heladas riberas ya no pudo bañarse el hipopótamo, ni en las frías selvas que los rodeaban hallaron benigno ambiente los elefantes; todos estos colosos de la naturaleza debieron ceder su puesto a especies más resistentes al frío, como el mamut, el rinoceronte, el caballo, el oso de las cavernas, el toro y otros».[3]

En efecto, la aparición del hombre sobre la Tierra no iba a suponer una interrupción de la dinámica catastrófica que hasta el momento había regido la evolución del planeta. Nuevamente, la fase de estabilidad de finales del Terciario e inicios del Cuaternario sería rota por una nueva catástrofe, el diluvio universal:

«Nuevos infortunios estaban reservados a la humanidad en los comienzos de su peregrinación por este mundo. Ora fuese por el derretimiento de las nieves que se habían acumulado durante el periodo glacial [...], ora fuese por las oscilaciones sufri-

3. P. Alsius, *Cuadro paleoetnológico de la Provincia de Gerona,* Asociación Literaria de Gerona. Imprenta y Librería de Paciano Torres, Gerona, 1883, pág. 23.

das por los continentes [...], la Tierra se vio cataclísticamente cubierta por torrenciales y caudalosas corrientes, dejando poco menos que aniquilada la vida animal en toda su superficie sin excepción de latitudes y alturas en ambos hemisferios».

El final del diluvio marca el inicio de la última época de la creación, en la cual todavía estamos viviendo y en la que la acción geológica se hace más circunscrita y local. En relación con los tiempos cosmogónicos precedentes, las causas físicas parecen haber disminuido de potencia e intensidad, concretando cada vez más el área de su influjo: «Ya no son desde este momento generales inundaciones las que cubren y barren la superficie de la Tierra; débiles corrientes, relativamente hablando, cruzan placenteras y mantienen subsistentes nuestros lagos cuaternarios, que precipitadamente caminan hacia su ocaso». Nuevamente se entra en una fase de estabilidad, sólo que las leyes que hasta ahora regían el funcionamiento de la Tierra han cambiado. La actividad catastrófica termina y el mundo empieza a regirse por las leyes que hoy día conocemos. Como se ve, estamos en las antípodas del actualismo de Lyell:

«Desde este momento, cesan las formaciones geológicas propiamente dichas y entra el mundo a regirse por las mismas causas obrando en idénticas condiciones que las que actualmente podemos apreciar y ver de cerca. Desde entonces, la misma actual flora embellece nuestros campos y la misma fauna señorea y vivifica la tierra.

»Al pie de los montes se acumulan paulatinamente los detritus de las rocas y los escombros de las montañas; las tranquilas corrientes de nuestros ríos surcan y arrastran los elementos diversos; en los mares se depositan limos, aluviones y tobas, remedando en reducida proporción y calmosa marcha los lejanos días de las formaciones cuaternarias».

Los términos «paulatinamente», «tranquilas corrientes», «reducida proporción» o «calmosa marcha» que Alsius utiliza en sus descripciones dejan pocas dudas sobre el carácter de estabilidad general o de cambio gradual de la Tierra en la nueva era. Y es entonces, en los momentos en que Alsius se dedica de una manera más concienzuda a la labor de geólogo descriptivo,

Figura 4. El diluvio asiático según E. Riou. «La tierra se vio cataclísticamente cubierta por torrenciales y caudalosas corrientes, dejando poco menos que aniquilada la vida animal en toda su superficie sin excepción de latitudes y alturas en ambos hemisferios», Pere Alsius, *Estudios geológicos sobre la región central de Gerona.*

cuando su catastrofismo ideológico se ve traicionado por la evidencia de una observación meticulosa, la cual le lleva a mantener posiciones netamente gradualistas para explicar el origen de las formaciones más recientes (cuaternarias) de la comarca de Banyoles.

Así pues, la obra de Alsius se encuadra sin problemas dentro de la categoría DAP propuesta por Gould (direccionista / ambientalista / puntualista). Esta posición coincide con la que, a principios del siglo XIX, mantuvieron los concordistas ingleses como Buckland. Tanto en Buckland como en Alsius, existe una constante preocupación por demostrar que los datos científicos se corresponden exactamente con los hechos expuestos en el relato bíblico. Así, cuando Pere Alsius se refiere a la historia de la Tierra, lo hace basándose en el conjunto de evidencias «que nos ha permitido descubrir los grandes cataclismos de su historia física y las vicisitudes, por demás funestas, por que pasaron los primeros hombres que la poblaron, episodios interesantísimos de la universal inundación que con sublime sencillez nos refiere Moisés en los sagrados libros, cuyo relato en nada contradice la observación científica, antes bien la confirma». Por lo demás, su posición con respecto a la segunda controversia a la que hacíamos referencia, el debate evolucionista, no deja dudas. En su *Cuadro paleoetnológico de la provincia de Gerona,* después de confirmar que «no puede llevarse a la época terciaria la aparición de la especie humana», se refiere al posible eslabón entre el hombre y el mono como un «ser imaginario cuyas huellas en ninguna parte aparecen» y como «atavismo que con orgullo debemos rechazar cuantos de católicos nos preciamos».

Pero entre Buckland y Alsius existe algo más que medio siglo de debate paleontológico. Pere Alsius vivió siempre en su Banyoles natal dedicado a la observación e interpretación de la realidad natural que lo rodeaba. Hasta el final de sus días creyó que el mundo era la consecuencia de una sucesión de excepcionales catástrofes que se alternaban con periodos de armonioso equilibrio. Sin embargo, no podemos creer que el sensacional hallazgo del que fue partícipe, la mandíbula de Banyoles, con su mezcla de rasgos primitivos y avanzados, pudiese dejar indiferente a una mente minuciosa y lógica. Algo tal vez se removió en el fondo de aquel espíritu inquieto para quien hasta entonces la realidad había encajado sin fisuras. Llega un momento en que las figuras históricas ya no se pertenecen a sí mismas. Tenemos derecho a imaginar un Pere Alsius tardío, perplejo ante la mandíbula de aquel ser fuera de lugar, testimonio incómodo de que la historia de la Tierra no puede reducirse a una sucesión de universos perfectos.

4
Darwinismo y registro fósil

Uno de los aspectos más sorprendentes de la obra de Darwin radica en la casi total ausencia de referencias a los que, antes que él, centraron el debate en torno al origen de las especies. En ningún otro autor como en Darwin se constata, en efecto, un mayor desarraigo con respecto al pensamiento evolucionista anterior, encarnado por Lamarck, Geoffroy Saint-Hilaire o su propio abuelo, Erasmus Darwin; esta tradición evolucionista es simplemente ignorada en *El origen de las especies*. De hecho, cuando Darwin se embarca en el *Beagle* lo hace imbuido de unas firmes convicciones fijistas, en la mejor línea cuvieriana. Y es en este fijismo inicial del joven Darwin donde tal vez se encuentre la clave del éxito que le llevó a concebir la evolución como una consecuencia de la selección natural. Según hemos visto en un capítulo anterior, tanto las interpretaciones de Lamarck y Geoffroy como las de Cuvier partían de una premisa epistemológica que hacía especialmente difícil la correcta interpretación de los fenómenos evolutivos: la biología del individuo. La teoría transformista de Lamarck consideraba implícitamente al individuo como la unidad de evolución. De este modo, el largo cuello de las jirafas se obtenía por el esfuerzo continuado que realizaban los individuos para alcanzar las ramas de los árboles. A fuerza de estirar el cuello, éste se alargaba —cierto— y esta modificación se transmitía a la descendencia —erróneo—. Para Lamarck, pues, la evolución biológica era un reflejo o sumatorio de la evolución particular de los individuos (una versión anticipada del lema «la ontogenia reproduce la filogenia»). Con tal bagaje, un evolucionista de los tiempos de Darwin difícilmente podría haber llegado a las conclusiones que éste sacó de su periplo en el *Beagle:* su interpretación de la distribución geográfica de las especies y de la relación individuo-medio ambiente habría estado viciada en su base.

Darwin, en cambio, introduce un importante salto cualitativo en la formulación de la teoría de la evolución. Para explicar el cambio evolutivo, ya no se sitúa a nivel del individuo, sino que introduce la idea de la población como unidad de evolución (un concepto, el de población, heredado de T.R. Malthus y de su *Essay on the Principle of Population* de 1798). Lo fundamental en este caso es que el concepto de población lleva implícito el concepto de variabilidad intrapoblacional: los individuos de una población no son todos iguales sino que difieren algo en sus características. Ello da pie a explicar la evolución mediante el proceso de la selección natural: los individuos que presentan unas características más adecuadas para la vida en un ambiente determinado sobreviven y transmiten estos caracteres a sus descendientes. Por el contrario, aquellos cuyos rasgos no son favorables para la vida en ese ambiente difícilmente sobrevivirán. Al no dejar descendencia, sus caracteres «poco adaptativos» mueren con ellos.

Se comprende pues que las ideas transformistas derivadas de la *Filosofía zoológica* de Lamarck (y asumidas por la «filosofía de la naturaleza» de Schelling y Goethe) se convirtiesen en un engorroso lastre a la hora de esbozar *El origen de las especies*. De todos modos, como hemos visto, Darwin no tuvo que realizar demasiados esfuerzos para dejar de lado esta tradición científica, por cuanto su fijismo original, considerado en su tiempo como la actitud «científicamente correcta», actuó de eficaz antídoto frente a cualquier posible contaminación en este sentido.

Sin embargo, tuvo dificultades mucho más serias para orillar el problema del fijismo de las especies, tal como había sido proclamado por Cuvier a partir de evidencias anatómicas y paleontológicas. Y, ciertamente, no puede afirmarse que Darwin careciese de experiencia en el terreno de la paleontología. Durante el periplo del *Beagle,* el autor de *El origen de las especies* tuvo ocasión de contribuir significativamente al progreso de esta ciencia, al descubrir en Punta Alta y otras localidades de la Pampa argentina restos de la fauna endémica que pobló el continente sudamericano a finales del Terciario: *Megatherium, Toxodon, Machrauchenia* y otros. Según su diario de viaje, estos hallazgos provocaron en Darwin una actitud de desconfianza hacia el modelo catastrofista de sustitución de las faunas:

«La gran mayoría, si no todos, de estos cuadrúpedos extintos vivieron en un periodo relativamente próximo y fueron contemporáneos de las conchas marinas actualmente existentes. Desde la época en que vivieron no pueden haber tenido lugar grandes cambios en la constitución física del país; ¿cual puede ser entonces la causa de la exterminación de tantas especies y hasta de géneros enteros?».[1]

Asimismo, la semejanza que observa entre estas formas fósiles y algunas de las especies que actualmente pueblan América del Sur es considerada por Darwin como «un hecho interesantísimo». Todo ello apunta a que también la paleontología contribuyó decisivamente a alimentar sus dudas respecto a la fijeza de las especies y al modelo catastrofista de sustitución de unas formas por otras.

Sin embargo, cuando Darwin enjuicia de nuevo el tema del registro fósil en *El origen de las especies,* su actitud hacia la paleontología ha cambiado radicalmente. Por ejemplo, a la hora de evaluar las implicaciones de su teoría en el campo de la clasificación biológica, considera que el peso de esta revolución metodológica debe asentarse sobre la embriología más que sobre la paleontología:

«Los órganos rudimentarios hablarán, de modo infalible, de la naturaleza de las estructuras perdidas de antiguo. Especies y grupos de especies que denominamos aberrantes y que se denominan fantásticamente fósiles vivientes nos ayudarán a formarnos un cuadro de las formas antiguas de vida. La embriología, con frecuencia, nos revelará la estructura, en cierto grado oscura, de los prototipos de cada gran clase».[2]

A juzgar por la ausencia absoluta de referencias en el párrafo anterior, Darwin parece negarle a la paleontología cualquier papel en la futura sistemática (tan sólo realiza una curiosa apelación a los «fósiles» vivientes para reconstruir las «formas antiguas de vida»).

---

1. Ch. Darwin, *A Naturalist's Voyage,* 1860. Sigo la traducción española de R. Sangenís, *Viaje de un naturalista,* Fama, Barcelona, 1955, pág. 219.
2. Ch. Darwin, *On the Origin of the Species by means of Natural Selection,* 1859. Cito siempre por la traducción de A. Froufe, *El origen de las especies,* Edaf, Madrid, 1968, pág. 477.

Es más, el problema del registro fósil se convierte para el Darwin de *El origen...* en algo así como el auténtico enemigo a batir, el escollo más importante que podía levantarse frente a su teoría de la evolución. El mismo lo reconoce abiertamente al iniciar el capítulo sobre «La imperfección del registro geológico»: «En el capítulo sexto enumerábamos las principales objeciones que podían presentarse razonablemente en contra de las opiniones sostenidas en este volumen. La mayor parte de ellas han sido ya discutidas y sólo una, a saber, la distinción de las formas específicas y el no estar ligadas entre sí por innumerables eslabones de transición, es una dificultad muy evidente». Basta una lectura rápida de esta parte de la obra para percatarse de que Darwin consideraba la existencia de variantes intermedias entre especies como un auténtico test para su teoría. Justificar su ausencia en el registro fósil se convierte en el tema principal de esta parte de *El origen de las especies,* al que dedica el resto del capítulo y buena parte del siguiente:

«¿Por qué, pues, cada formación geológica y cada estrato no están llenos de tales eslabones intermedios? La geología, ciertamente, no revela la existencia de tal cadena orgánica insensiblemente gradual; y ésta, acaso, es la objeción más clara y más grave que se haya presentado contra la teoría. La explicación estriba, a mi parecer, en la extrema imperfección del registro geológico».

Darwin encuentra en este argumento la explicación que le permite orillar las objeciones que desacreditaron la «filosofía zoológica» de Lamarck y, curándose en salud, contraataca: las colecciones paleontológicas son sumamente incompletas, tan sólo una pequeña porción de la Tierra se ha explorado geológicamente, ningún organismo completamente blando puede conservarse, las conchas y los huesos se descomponen cuando quedan en el fondo del mar, los restos que hayan llegado a quedar enterrados en arenas se disolverán por la filtración de agua de lluvia cargada de ácido carbónico, faltará una buena parte de la fauna que habita las zonas intermareales y, finalmente, está el hecho de que las grandes formaciones geológicas se encuentran separadas entre sí por enormes hiatos de tiempo (el argumento de mayor peso en el esquema de Darwin). Una prueba de su preocupación por el argumento paleontológico radica en el carácter reiterativo de este capítulo, frente a otras partes de la obra. El argumento de la imperfección del registro geológico aparece no una, sino dos y hasta tres veces (si se considera también el capítulo undécimo). La discusión sobre el tema de las formas intermedias se desarrolla otras tantas, en claro contraste con el rigor y la lógica expositiva que utiliza Darwin a lo largo del libro. Es obvio que Darwin se encuentra incómodo en este terreno, tal vez porque lo conoce bien y sabe que entre sus colegas paleontólogos se encuentran los más firmes y competentes adversarios de la teoría de la mutabilidad de las especies.

La evidencia negativa que constituye la ausencia de formas intermedias en las formaciones geológicas se trueca en evidencia positiva contra la evolución en el caso, constatado desde Cuvier, de la aparición brusca de nuevas formas en el registro fósil. De nuevo el argumento de la imperfección del registro geológico permite explicar estas súbitas apariciones. En realidad, la aparición de nuevas especies se produce de una manera lenta y gradual por selección natural, a través de enormes lapsos de tiempo. Sin embargo, los hiatos existentes en los paquetes sedimentarios han eliminado buena parte de las formas intermedias. De esta manera, en lugar de graduales transiciones entre unas faunas y otras, lo que se observa son aparentes «revoluciones», que puntúan abruptamente el registro paleontológico.

Darwin debió darse cuenta del carácter excesivamente defensivo y «negativo» del capítulo décimo de *El origen...*. Tal vez por ello, dedicó al tema de las sucesiones de faunas fósiles un nuevo capítulo, el undécimo, que trata de mostrar, «en positivo», cómo los datos de la paleontología no sólo no constituyen una traba para la teoría de la evolución sino que, por el contrario, las evidencias existentes son difícilmente interpretables fuera del marco de esta teoría. Allí, Darwin vuelve a incidir en el tema del gradualismo y en la existencia de variantes intermedias, esta vez citando ejemplos concretos curiosamente proporcionados por los más fehacientes fijistas de su época, como Lyell (antes de su conversión al evolucionismo), Agassiz y Owen. Aunque convencido fijista, Lyell había introducido en su obra *Principles of Geology* una innovadora metodología para dividir el Terciario, muy diferente de la concepción catastrofista que suponía cada época separada de la anterior por un abrupto corte faunístico. El criterio empleado por Lyell era estadístico, basado en la proporción relativa de especies de bivalvos vivientes que encontraba en cada formación. Así, la formación más antigua, el Eoceno, conservaba tan sólo un 3,5 % de formas vivientes. Una etapa más reciente, el Mioceno, se caracteriza por una proporción relativamente más alta, el 17 %. Finalmente, en el periodo Plioceno la proporción de formas existentes llega al 50 %. Darwin consideró esta gradación como un argumento a favor de la existencia de transiciones graduales en el registro fósil. También recurrió al concepto de «forma generalizada» de Owen y a los «tipos proféticos» o «sintéticos» de Agassiz, arguyendo que, en realidad, estos términos se referían a formas intermedias entre grupos que demostraban la existencia de una evolución gradual. En realidad, al acuñar estos términos, lo que estos paleontólogos pretendían demostrar era la acomodación de la naturaleza a unos diseños ideales y permanentes, no muy diferentes de los arquetipos platónicos y en la línea de los postulados de la filosofía alemana de la naturaleza. La teoría de la evolución por selección natural permitió a Darwin ofrecer una nueva interpretación de la existencia de estas variantes sintéticas. Por lo demás, según su autor, el modelo de cambio gradual no podía ceñirse exclusivamente al tema del origen de las especies sino que debía dar cuenta también del proceso opuesto, a saber, la extinción de las especies.

Extinción y progreso biológico

Anterior incluso a la idea de evolución, la idea de que los seres vivos forman una cadena de complejidad creciente se encontraba firmemente establecida en el pensamiento biológico desde hacía siglos. Con la introducción del concepto de historia dentro del mundo natural y de su corolario lógico, la teoría de la evolución, esta escala ascendente se convirtió en una escala *progresiva*: sucesivamente y a lo largo de las distintas «épocas de la naturaleza», unos seres vivos menos complejos fueron sustituidos por otros más complejos. Ahora bien, ¿qué es lo que provoca estas sustituciones? ¿Por qué la historia de la vida no se reduce a una estática supervivencia de formas estables, prolongándose durante millones de años? En otras palabras, ¿por qué existe la evolución y lo que podríamos llamar «el progreso evolutivo»? O también, ¿por qué existe la extinción?

Con su teoría de la selección natural, Darwin proporcionó la clave que permitía responder a estas y otras cuestiones: los individuos más eficaces desplazan a aquellos peor adaptados para sobrevivir y dejar descendencia bajo unas condiciones determinadas. Desde esta perspectiva, la extinción y, por tanto, el progreso evolutivo, aparecen como una consecuencia directa de la competencia entre los individuos de las diferentes especies, ya sea por la utilización de un determinado recurso, ya sea por su habilidad para escapar frente a un posible depredador. Esta competencia crea un continuo *turnover,* por el cual un tanto por ciento de las especies de un ecosistema son periódicamente reemplazadas por otras. A partir de esta interpretación, Darwin relegó el estudio de la extinción a un segundo plano, dado que para él se trataba de un fenómeno demasiado complejo como para ser abordado por la ciencia de su tiempo. Como afirma en *El origen de las especies:*

«No tenemos por qué asombrarnos de la extinción, si de algo hemos de asombrarnos será de nuestra propia presunción al imaginar por un momento que comprendemos las múltiples circunstancias complejas de que depende la existencia de cada especie. [...] En el momento en que podamos decir exactamente por qué esta especie es más abundante en individuos que aquélla, por qué esta especie y no otra puede aclimatarse a un país determinado, entonces y sólo entonces podremos sentirnos justamente sorprendidos de no poder explicarnos la extinción de una especie dada o de un grupo cualquiera de especies».

Aunque, en sentido estricto, el patrón de extinciones masivas propuesto por Cuvier no tenía una incidencia directa en el tema del origen de las especies por evolución, Darwin tenía buenos motivos para desconfiar de un esquema que parecía inevitablemente ligado al fijismo del paleontólogo francés. Y sin embargo, existe un cierto paralelismo entre los argumentos que uno y otro ofrecen para explicar la simultaneidad de los recambios faunísticos en distintas partes del globo. Mientras que en Cuvier cada extinción masiva permitía el despliegue general de un nuevo tipo de fauna, en Darwin son las ventajas selectivas de las distintas especies las que provocan que éstas se expandan rápidamente por todo el globo, desplazando a los antecesores más primitivos:

«De este modo, a mi parecer, la sucesión paralela y —tomada en sentido amplio— simultánea de unas mismas formas orgánicas por todo el mundo concuerda bien con el principio de que las especies nuevas se han formado mediante especies dominantes muy difundidas y variables [...]. Las formas viejas que son derrotadas y que ceden sus puestos a las formas nuevas y victoriosas, estarán generalmente emparentadas en grupos, por haber heredado en común alguna inferioridad y, por consiguiente, cuando se extienden grupos nuevos y perfeccionados por el mundo, desaparecen del mundo los grupos viejos, y en todas partes la sucesión de formas tiende a corresponder, tanto en su primera aparición como en su desaparición final».

En clara coherencia con su modelo de aparición lenta y gradual de las nuevas especies, en *El origen de las especies* se postula que la extinción es asimismo un proceso lento y gradual que se desarrolla independientemente en distintas líneas: «Cuando un gran número de habitantes de un área cualquiera llega a modificarse y a perfeccionarse, podemos comprender, por el principio de la competencia y por las importantísimas relaciones de organismo a organismo en la lucha por la vida, que toda forma que no se modificase y perfeccionase en algún grado estaría expuesta a ser exterminada». L. Van Valen ha elevado este mecanismo de sustitución (o de extinción, si se prefiere) a la categoría de ley biológica con su «hipótesis de la Reina Roja». El nombre procede de un personaje que aparece en la obra de Lewis Carroll *Alicia a través del espejo*. En ella, Alicia emprende una vertiginosa carrera con la tal Reina Roja a lo largo de un imaginario tablero de ajedrez. Al final de su recorrido, sin embargo, el personaje de Carroll comprobará con sorpresa que, después de todo, continúa en la misma casilla de la que había partido. La Reina Roja se encarga de proporcionar a Alicia la solución al aparente enigma, ya que al otro lado del espejo hay que correr continuamente para permanecer en el mismo sitio: no avanzar supone retroceder. La metáfora pretende sintetizar lo que sería el escenario posible de la evolución: las condiciones ambientales cambiantes o, más simplemente, la competencia entre especies hacen que éstas se vean impelidas constantemente a evolucionar. La permanente presión de selección que se ejerce sobre ellas obliga a las distintas especies a mantener una carrera sin fin en pos de la eficacia biológica. No cambiar supone la extinción.

Van Valen llegó a la formulación de su ley después de comprobar que numerosos grupos zoológicos presentaban a lo largo de su historia una tasa de extinción constante. Como si de una población experimental se tratase, este autor calculó las tasas de supervivencia, es decir, la frecuencia de especies supervivientes en el tiempo para diferentes grupos de moluscos y mamíferos, hallando una tasa más o menos regular. Lo que en una población natural de individuos se convertiría en un proceso normal de reemplazamiento por muerte y nacimiento, en los ejemplos de Van Valen se convirtieron en tasas constantes de extinción y aparición de nuevas especies, dentro de lo que se denomina una misma «zona adaptativa» (es decir, un grupo o un conjunto de grupos que ocupan la misma posición funcional o «nicho» dentro del espacio ecológico). Ello implica que en el seno de cada una de las zonas adaptativas existe una tensión constante por su ocupación, que obliga a las especies a adaptarse constantemente o extinguirse. En definitiva, según esta concepción, el denominado «progreso evolutivo» existe porque «progresar» significa, simplemente, sobrevivir: hay que avanzar para que todo siga igual (y, sobre todo, hay que avanzar más que los demás para no perder la plaza, la casilla). Van Valen elaboró su hipótesis de la Reina Roja desde el campo de la paleontología. Curiosamente, poco después de que Van Valen publicase sus resultados, otros paleontólogos han llegado a una formulación exactamente opuesta de los patrones de extinción.

Todo empezó en el año 1980, cuando, desde las páginas de la revista *Science,* Walter y Louis Alvarez (padre e hijo, físico y geólogo, respectivamente) propusieron un revolucionario escenario para explicar la anormal densidad de iridio y otros metales pesados en un nivel correspondiente al límite Cretácico-Terciario. El iridio es un metal escaso en la corteza terrestre, pero no así en el manto y, por consiguiente, tampoco en esos retazos planetarios que denominamos meteoritos y sideritos. De ahí a proponer que un cuerpo celeste de grandes dimensiones (probablemente un meteorito de unos diez kilómetros de diámetro) colisionó con la Tierra hace 65 millones de años, sólo resta un paso: es el denominado «escenario Alvarez», propuesto por ambos investigadores. La caída del enorme bólido habría lanzado a la atmósfera toneladas de polvo y habría producido durante más de seis meses una situación similar a la de un invierno nuclear: paralización de la fotosíntesis, caída de los productores primarios y toda la secuela de efectos asociados.

Posteriormente, nuevas bandas enriquecidas de iridio fueron apareciendo asociadas a importantes recambios faunísticos (por ejemplo, en el Devónico o a finales del Eoceno). Paralelamente, los paleontólogos estadounidenses Raup y Sepkovski, mediante técnicas estadísticas semejantes a las utilizadas por Van Valen con su «efecto Reina Roja», detectaron una supuesta regularidad de 26 millones de años en los episodios de extinción masiva sucedidos a lo largo de la historia de la Tierra. El descubrimiento de esta periodicidad llevó a extender el escenario de los Alvarez al resto del tiempo geológico: más o menos regularmente, nuestro planeta entraría en el campo de influencia de un cinturón de asteroides asociado a Némesis, una hipotética estrella hermana del Sol. Periódicamente, pues, cada 26 millones de años la vida sobre el planeta resultaría gravemente afectada por una lluvia de impactos meteoríticos de enormes proporciones. En realidad, aunque Némesis no fue nunca detectado, y aunque nuevos escenarios alternativos permiten explicar la existencia de niveles enriquecidos de iridio, las ideas de Alvarez, Raup, Sepkovski y otros suponían un replanteamiento de la concepción darwinista de la historia biológica: si son las extinciones masivas y no la selección natural lo que condiciona la sustitución de unas faunas por otras, entonces es el azar y no la «progresiva eficacia» lo que determina el curso de la evolución. Con ello se llegaba a una inquietante conclusión —«el progreso evolutivo no existe»— y se abrían de nuevo debates como el del catastrofismo, olvidados desde los tiempos de Cuvier.

5
La revisión del darwinismo

Desde la publicación de *El origen de las especies,* el darwinismo se ha visto periódicamente sacudido por convulsiones internas en fases que suelen espaciarse entre treinta y cuarenta años y de las que sale sucesivamente fortalecido. Así, a la perspectiva simplista del darwinismo primitivo, que admitía incluso una formulación lamarckista de la herencia, le sucede el neodarwinismo que, en el primer cuarto de siglo, incorpora a su marco teórico la genética mendeliana. Posteriormente, a partir de la década de los treinta, se gestará la teoría sintética de la evolución, fruto, sobre todo, de los avances de la genética de poblaciones. Parecía entonces que la teoría evolutiva había llegado a su formulación definitiva. Sin embargo, en el último cuarto del siglo XX se inicia una progresiva contestación hacia algunas de las consecuencias de aquella formulación —por ejemplo, la lenta y gradual transformación de unas especies en otras—. A diferencia de las anteriores «revoluciones» dentro del darwinismo, la «disidencia» no procede en este caso del campo de la genética, sino del campo de la anatomía comparada, es decir, del campo de los embriólogos, paleontólogos y zoólogos. Para comprender este cambio, hay que remontarse al año 1972, cuando los paleontólogos Eldredge y Gould proponen su modelo evolutivo de «equilibrios puntuados». En síntesis, el enunciado básico de dicho modelo podría resumirse de la siguiente manera: la aparición de nuevas especies se produce de modo abrupto y no a través de un proceso lento y gradual. Posteriormente, estas especies se mantienen estables, prácticamente sin modificación, hasta extinguirse o dar lugar a nuevas especies. Según este modelo, por tanto, el proceso de cambio evolutivo va estrictamente ligado a la aparición de nuevas especies: la mayor cantidad de evolución se produciría durante los procesos de especiación. En un principio, no parecía que Eldredge y Gould dejasen muy claro qué entendían por «aparición brusca» de una nueva especie, es decir, si se estaban refiriendo a auténticos saltos evolutivos (macromutaciones) o bien si, por el contrario, se referían a fases puntuales de evolución muy rápida que quedasen registradas como aparentes saltos en la escala del tiempo geológico. Aunque ninguno de los dos autores ha descartado la primera posibilidad (el *hopeful monster* o «monstruo prometedor» de Goldschmidt) tanto uno como otro han matizado posteriormente que la mayor parte de saltos evolutivos debían corresponder a momentos de cambio acelerado. Eso significaba que la evolución sería un proceso con varias marchas, en el que fases muy rápidas de cambio ligadas a los procesos de especiación serían seguidos por largos periodos de estabilidad y equilibrio.

El planteamiento, en realidad, no era nuevo. El propio George Gaylord Simpson, máximo exponente de la síntesis neodarwinista en paleontología, consideraba ya la posibilidad de cambios evolutivos muy rápidos, para los que acuñó el término de «evolución cuántica». Sin embargo, este nuevo modelo atrajo muy pronto la atención de paleontólogos y neobiólogos, dando pie a posicionamientos extremos. Al cuestionar la existencia de transiciones graduales entre unas especies y otras se estaba tocando una fibra muy sensible del pensamiento evolucionista, ya que, como hemos visto, dichas transiciones eran consideradas como una de las principales pruebas paleontológicas de la evolución (de hecho, los movimientos integristas de Estados Unidos rápidamente interpretaron el modelo de equilibrios puntuados como una prueba contra la teoría de la evolución y a favor del creacionismo). Por lo demás, se trataba de un modelo propuesto desde una disciplina clásicamente tímida a la hora de incidir en la biología evolucionista de las últimas décadas y que afectaba a una de las cuestiones que, con excepciones (como Ernst Mayr), la síntesis neodarwinista había relegado a un segundo plano, a saber, el origen de las especies.

El origen de las especies

Normalmente, estamos acostumbrados a ver perros, gatos, peces, mariposas y caracoles, sin que este hecho parezca impresionarnos especialmente. Tampoco parece impresionar especialmente a los biólogos. Ello no podía ser de otra manera, pues cualquier persona medianamente culta sabe que una de las principales consecuencias de la evolución biológica ha sido la diversificación de la vida en numerosas formas o especies diferentes. En efecto, el fenómeno de la diversificación de los seres vivos a través de la evolución es un dato que nadie interesado en el tema sería capaz de poner seriamente en duda. Pocas veces, sin embargo, nos damos cuenta de en qué medida este simple dato puede contribuir a la comprensión del fenómeno evolutivo. Ello tal vez sea debido al hecho de que la diversidad del mundo viviente es una evidencia muy anterior a la propia idea de evolución biológica. En efecto, cualquier nativo de Nueva Guinea es capaz de reconocer, incluso para su propia supervivencia, las distintas especies animales y vegetales que le acompañan. Así mismo, en la Biblia, paradigma occidental del creacionismo, se nos dice que los animales y las plantas fueron creados cada uno según su especie.

Así pues, el concepto de diversidad de los seres vivos estaba firmemente anclado en el firmamento epistemológico humano en el momento en que penetró en él el concepto de evolución biológica. La intrusión de este nuevo concepto en el citado contexto no debía causar mucho revuelo, puesto que, en principio y en apariencia, la idea de la evolución biológica nació *por* y *para* explicar la presente diversidad de los seres vivos. Curiosamente, la oposición creacionista no cayó en la cuenta de que el mecanismo de la evolución propuesto por Darwin, la selección natural, no permitía explicar por sí misma la diversidad de los seres vivos. Así formulada, la teoría de la evolución serviría para explicar las diferencias entre *dos* seres vivos: el ancestro y el descendiente. O bien para explicar la variación observada a lo largo de un único linaje evolutivo: una cadena continuada de formas sucesivamente ligadas por una relación ancestro-descendiente (lo que en términos del darwinismo primitivo se denominó «la descendencia con modificación»). Pero la descendencia con modificación por sí misma no sirve para explicar las diferencias entre *tres* seres vivos, es decir, entre un ancestro y *dos* descendientes. Una vez más, los problemas triangulares aparecen como los de más difícil solución.

Y aquí es cuando entra en juego un nuevo factor: la variabilidad poblacional, tal como fue establecida a partir de *El origen de las especies*. No hay que olvidar, sin embargo, que el concepto de variabilidad poblacional fue un concepto previo a la teoría de la selección natural, y no una consecuencia de aquélla. De hecho la selección natural tiende a destruir la variabilidad poblacional. Aquí, naturalmente, ocurrió algo semejante a lo comentado con respecto a la diversidad biológica: la variabilidad poblacional es algo tan obvio y a lo que estamos tan acostumbrados que se hace difícil poner en duda su existencia. Baste considerar tan sólo las distintas variedades de perros, los concursos de vacas o las propias razas humanas. Pero dar por supuesto algo no significa explicarlo.

Lo cierto es que la idea de variabilidad intrapoblacional sirvió como metáfora para explicar la diversidad biológica. La diversidad de los seres vivos no era sino la propia variabilidad poblacional, sólo que en mayor medida. O bien, era la consecuencia de la variabilidad poblacional una vez se dejaba ésta a la deriva durante millones de años. Es decir, algo así como:

diversidad biológica = variabilidad poblacional + tiempo suficiente

Entendido de ese modo, el proceso evolutivo sería comparable al crecimiento de un cristal: un incremento lento y paulatino del número de celdas cristalinas, divergiendo unas de otras a un ritmo constante y regular durante un tiempo indefinido. Si tomásemos como punto de partida los actuales troncos raciales humanos y considerásemos su estado dentro de millones de años, éstos se habrían convertido, por divergencia gradual, en auténticas especies diferentes. Este punto de vista impregna toda la obra de Darwin y se pone de manifiesto al final de *El origen de las especies*:

«Hay grandeza en esta concepción de que la vida, con sus diferentes facultades, fue originalmente alentada por el creador en unas cuantas formas o en una sola, y que, mientras este planeta ha ido girando según la constante ley de la gravedad, se han desarrollado y se están desarrollando a partir de un comienzo tan sencillo infinidad de formas cada vez más bellas y maravillosas».

Ya hemos señalado, sin embargo, la incoherencia profunda del darwinismo primitivo: si el principal motor de la transformación biológica es la selección natural, entonces la diversidad de los seres vivos no es un argumento a favor sino en contra de la evolución. Un contemporáneo de Darwin, Karl Marx, extrajo la consecuencia correcta del modelo darwinista de evolución (la «lucha por la vida» tiende a la uniformización y no a la diversificación) y, en base a ello, predijo la destrucción por competencia de la mayor parte de las fuerzas productivas capitalistas y su sustitución por una única fuerza productiva a nivel global. Marx quiso dedicarle *El capital* a Darwin, pero éste declinó el ofrecimiento: probablemente considerase que el célebre filósofo alemán era demasiado darwinista...

En cambio, Darwin fue netamente consecuente a la hora de considerar el problema de la especie. En efecto, si transplantamos como metáfora el concepto de variabilidad poblacional a la diversidad biológica, es decir, si lo segundo no es más que lo primero, pero a otra escala de tiempo, entonces la especie no tiene entidad real en la naturaleza, no es más que una categoría ideal creada para poner orden en nuestra mente. En este caso, todos los seres vivos somos meras variantes de una inmensa población que es el conjunto de la biosfera. Y, efectivamente, para Darwin la especie era una categoría artificial, con un interés biológico no mayor que el concepto de raza o variedad: «Por estas observaciones se verá que considero que el término especie se ha dado arbitrariamente, por motivo de conveniencia, para reunir un grupo de individuos que se asemejan íntimamente entre sí, y que no difiere esencialmente del término variedad, que nos da formas menos distintas y más fluctuantes. El término variedad, a su vez, en comparación con las meras diferencias individuales, también se aplica arbitrariamente por cuestión de conveniencia».

Hay que reconocer que el problema de la existencia de las especies era una tema espinoso para el evolucionismo primitivo. La fijeza de las especies era un postulado básico de los fijistas y creacionistas. Lo que precisamente el evolucionismo venía a decir era que las especies no eran entidades fijas, sino que se transformaban unas en otras. Pero si ello era así, ¿cuál era su sentido en el seno de la naturaleza? En otras palabras, ¿cómo encajar en el seno de un proceso evolutivo continuo y gradual la discontinuidad que aquéllas reflejaban?

Así las cosas, el tema de la especie y el proceso de especiación se mantuvo durante décadas al margen de la biología evolucionista, sacado a la palestra de tanto en tanto sólo por parte de evolucionistas poco afectos al darwinismo. Incluso en las primeras fases del neodarwinismo el problema principal no fue el de la especiación, sino lo que se denominó «diferenciación», es decir, la segregación de variantes geográficas. A partir de los trabajos de Ernst Mayr, que culminaron con la publicación de *Systematics and the Origin of Species* (1942), el tema de la especiación quedó definitivamente integrado en el marco de la moderna biología evolutiva. Hoy sabemos que las especies, a diferencia de lo que postulaba el darwinismo primitivo, sí tienen una entidad «natural», ecológica y evolutiva a la vez. Los individuos de dos especies distintas no se aparean entre sí o, si lo hacen, no dan lugar a descendencia fecunda. Por tanto, las especies son auténticas unidades de evolución. El mecanismo más frecuente en la formación de nuevas especies, de acuerdo con Mayr, es la denominada «especiación alopátrica», que tiene lugar cuando dos poblaciones quedan aisladas entre sí por alguna barrera fundamentalmente geográfica. Los cambios genéticos y cromosómicos que tienen lugar en estas poblaciones son diferentes en cada caso y así, cuando ambas poblaciones se ponen en contacto de nuevo, el cruce es ya imposible.

En su formulación del modelo de equilibrios puntuados, Eldredge y Gould han hecho notar que éste último no es sino una consecuencia del proceso de especiación alopátrica a la escala del tiempo geológico. El proceso de «puntuación» tendría lugar en pequeñas poblaciones periféricas que quedarían aisladas de la población principal, ésta última necesariamente estancada en una fase de estabilidad evolutiva. Estas subpoblaciones periféricas divergirían rápidamente dando lugar a nuevas especies que aparecerían en el registro geológico como un salto evolutivo. Stanley ha ido todavía más lejos que Gould y Eldredge en su reivindicación del papel de la especiación en el seno de la evolución biológica. Para este autor, cada nivel evolutivo (molecular, genético, individual, etcétera) cuenta con sus propias causas de variación y selección, sin que exista necesariamente interacción entre ellos. Así, las especies son estructuras reales («individuos» de una categoría superior) que surgen periódicamente al azar (al igual que las mutaciones individuales) y que cuentan con su propio nivel de selección, la «selección de especies». A diferencia del darwinismo clásico, que presupone que la selección que se observa entre especies diferentes es una consecuencia de la selección natural que se produce entre los individuos de dichas especies, el nuevo paradigma de la macroevolución postula que esta selección se produce por los caracteres inherentes a las especies como tales, y no por los caracteres de cada individuo. De este modo, se produce un auténtico desacoplamiento entre macroevolución y microevolución: las leyes de la genética no pueden explicarnos todos los fenómenos de tipo evolutivo que observamos cuando ascendemos al nivel de los grandes cambios que se han producido en la historia de la vida.

La teoría neutralista de la evolución

No sólo desde el campo de la paleontología han arreciado las críticas al reduccionismo de la síntesis neodarwinista. En 1967, Kimura, un genético molecular del Instituto Nacional de Genética del Japón, puso asimismo en duda el papel determinante de la selección natural al proponer su teoría neutralista de la evolución. Este autor, al observar las tasas de sustitución de aminoácidos en distintas especies, contabilizó valores muy similares para las distintas muestras analizadas. Por otra parte, las citadas sustituciones no parecían producirse según un patrón determinado, sino que su distribución respondía puramente al azar. Además, la frecuencia de este tipo de cambio en el ADN era muy elevada, mucho más alta de lo que se había supuesto. Este último dato era congruente con la gran cantidad de variabilidad escondida que se había descubierto en las poblaciones con el perfeccionamiento de las técnicas de electroforesis. La conclusión de todo ello era clara: durante la evolución se produce una gran cantidad de cambios mutacionales, la mayoría de los cuales son neutros, es decir, indiferentes a la selección natural. Por lo mismo, su distribución en el seno de las poblaciones corresponde a factores puramente aleatorios. Esto suponía admitir que un determinado alelo mutante (y, por tanto, el carácter o caracteres ligados a él) podía difundirse sin conllevar ventaja selectiva alguna. Así pues, en el seno de las especies existiría una gran cantidad de información redundante, neutra para la selección natural, que se distribuiría al azar o por factores estrictamente históricos en las diferentes poblaciones.

En realidad, se observa un notable grado de congruencia entre el modelo de equilibrios puntuados y la teoría neutralista de Kimura. Ambos limitan considerablemente el papel omnímodo que se había otorgado a la selección natural para explicar el origen del cambio evolutivo. A su vez, el modelo neutralista proporciona posibles mecanismos de evolución rápida. De ese modo, aunque selectivamente neutras, las variaciones a nivel molecular que se producen en una población pueden implicar de hecho su aislamiento genético de otras poblaciones. O bien, mutantes en un principio selectivamente neutros pueden perder súbitamente esta condición frente a determinados cambios ambientales. A escala geológica, ambos casos quedarían registrados como saltos evolutivos.

Ontogenia y evolución

El darwinismo siempre mantuvo una tradicional desconfianza metodológica hacia el concepto de organización y su planteamiento en términos evolutivos. Bajo su óptica, una entidad tan compleja como el ojo de un vertebrado sólo podía ser el resultado de la suma de pequeños cambios acumulados gradualmente. Sin embargo, las innovaciones responsables de la aparición de nuevas especies se producen, en muchos casos, no por la simple mutación de un pequeño segmento de ADN, sino a través de modificaciones introducidas en el proceso de desarrollo de los individuos (u ontogenia). El tema de las relaciones entre la ontogenia (o historia del individuo) y la filogenia (o historia de la especie o grupo taxonómico) no es nuevo. Ya fue planteado por Ernst Haeckel en 1874 al proponer su conocida ley biogenética fundamental: «La ontogenia reproduce la filogenia». Esta ley fue enunciada para explicar fenómenos tales como la presencia de branquias en el embrión humano en una fase temprana de su desarrollo. De alguna manera, al igual que sus antepasados filogenéticos, el ser humano pasaría por un estadio «pez» durante su ontogenia. Como hemos visto en un parágrafo anterior, Darwin mismo tenía una gran confianza en que las pruebas que la paleontología se negaba a aportar serían suplidas desde el campo de la embriología por el estudio de los estadios embrionarios. Sin embargo, el enunciado de Haeckel respondía en el fondo a una concepción lamarckista de la evolución y nunca pudo ser probado, por lo que fue desterrado de la teoría evolutiva en la primera mitad del siglo XX. Fue Garstang, en 1922, quien corrigió la ley biogenética fundamental y le proporcionó una base más exacta: «La ontogenia no reproduce la filogenia, la crea». A partir de aquí, más allá de las similitudes anatómicas, es la homología de los itinerarios ontogenéticos de dos especies el criterio más fiable para afirmar que tienen un antepasado en común.

He aquí, pues, que los mecanismos clásicos de la evolución, selección natural y mutación, con su juego de tanteo y error, sin perder su carácter básico dentro del proceso evolutivo, deben ser reubicados en un contexto diferente. En primer lugar, la mutación no puede ser ya considerada como la única fuente de variación dentro de la evolución: una parte importante de ésta puede ser atribuida a heterocronías o desfases producidos en el proceso de desarrollo del individuo. De hecho, el estudio de este tipo de fenómenos, bien conocidos en el caso de algunos anfibios, puede arrojar nueva luz sobre algunos viejos problemas. Para producir un simio con un cerebro proporcionalmente más voluminoso no son necesarias grandes transformaciones a nivel cromosómico o molecular: basta con que éste se desarrolle de manera diferente y que algunos caracteres se gesten más lentamente o más rápidamente que otros. En efecto, gracias a un proceso neoténico de este tipo, es decir, a la retención de ciertos caracteres juveniles en el adulto, aparecieron hace cinco millones de años los primeros homínidos bípedos. Probablemente, una innovación precoz permitió la eclosión de la postura erecta en los primitivos *Australopithecus*. Algunos caracteres, que hoy encontramos en las crías de algunos primates superiores y que debieron surgir súbitamente, han caracterizado a nuestro grupo evolutivo desde el techo del Terciario. Es, pues, gracias a una heterocronía generada hace unos cinco millones de años por lo que hoy los hombres poblamos la Tierra. Las heterocronías en el desarrollo se configuran así como uno de los principales agentes del cambio evolutivo.

Por otra parte, lo que se selecciona, más que los caracteres mismos, son los patrones de desarrollo de esos caracteres. La selección se realiza más sobre procesos que sobre estructuras estáticas. Digamos finalmente, parafraseando un dicho popular, que los caminos de la evolución no son infinitos. Durante décadas,

70

el proceso de la evolución ha sido visto como el resultado de un juego entre el azar y la necesidad (según el *leit-motiv* acuñado por Monod). La indeterminación de las mutaciones (que podían producir «cualquier cosa») quedaba constreñida por el cauce determinista de la selección natural. Los factores que canalizaban la evolución biológica eran siempre ambientales, externos a los organismos. Sin embargo, la epigenética, es decir, la rama de la genética que investiga el desarrollo embrionario de los individuos, ha mostrado que existen también factores internos al desarrollo (algo así como «leyes») que constriñen, a su vez, el resultado. No caben ya, pues, apelaciones a la «infinita variedad de la naturaleza»: la naturaleza es finita y discreta y no todo es posible de partida dentro de ella. Ello queda especialmente patente cuando se analiza lo que Pere Alberch ha dado en llamar «la lógica de los monstruos». En efecto, aun en el caso de las malformaciones parciales o totales que periódicamente se observan en la naturaleza («monstruos»), existen factores internos del desarrollo que condicionan el resultado. Todo ello explica que la evolución deba ser concebida como un proceso que sufre una doble constricción: interna, durante el desarrollo de los organismos, y externa, a causa de la selección natural de los individuos (ambas con sus propias leyes). Por tanto, cuando se observa una alta similitud estructural entre dos organismos, no necesariamente hay que inferir que ambos han sufrido el mismo tipo de presión ambiental. Por el contrario, tal similitud puede ser debida a que ambos comparten una historia en común que condiciona su forma.

Estructura de la diversidad orgánica

La sistemática, esto es, el estudio de los diferentes tipos de organismos y de las relaciones que presentan entre sí, fue establecida tal como hoy la conocemos por el naturalista sueco Carl von Linné (1707-1778). El propósito original de Linné no era otro que el de ordenar el conjunto de seres vivientes según su mayor o menor parecido y según la concurrencia de determinados atributos. Ninguna otra consecuencia debía extraerse de tal clasificación: se trataba de poner orden entre los numerosos objetos que la naturaleza proveía, de manera que ésta fuese más fácilmente aprehensible.

Linné ideó una clasificación jerárquica mediante un sistema de categorías de rango progresivamente creciente, según el grado de universalidad de los atributos que las caracterizaban. Las categorías establecidas por este autor, que hoy todavía encontramos en la taxonomía de uso corriente, eran el reino, la clase, el orden, la familia, el género y la especie. Estas dos últimas son las más importantes del sistema linneano. Ambas, a diferencia del resto, se expresan siempre en latín (la lengua culta de la época), el género en nominativo y la especie en genitivo, como acotación a éste. En realidad, el sistema de Linné no hace sino seguir estrictamente el concepto aristotélico de esencia. Según el filósofo griego, toda realidad se compone de un género (mesa, por ejemplo) más una diferencia específica (de madera, por ejemplo) que la diferencia del resto de «especies» incluidas dentro de ese género. Esta aplicación estricta de la metafísica aristotélica nace de la propia concepción de los seres vivos en tanto que meros «objetos naturales», compartida por Linné y muchos otros naturalistas de su época. Para Linné, la relación existente entre dos seres vivos no es diferente a la que pueda establecerse entre dos objetos cualesquiera que compartan algún carácter en común. La sistemática linneana es pues, en su origen, una mera ordenación de objetos según sus atributos. La base aristotélica del sistema, sin embargo, impuso que la categoría principal fuese el género y no la especie. Este lastre nomenclatural se ha conservado hasta nuestros días y otorga en la taxonomía actual una engorrosa preeminencia al género, una categoría conceptual que no goza de más significación real en la naturaleza que la de agrupar a dos o más especies biológicas.

Con el asentamiento de la idea de evolución orgánica durante el siglo XIX, la sistemática clásica cambia por completo su sentido. La posición sistemática de un taxón no designa ya su pertenencia a una determinada clase de objetos, sino que aparece como una consecuencia de su parentesco con otros grupos. En un plano teórico, se impone la idea de que la sistemática debe reflejar la filogenia, es decir, la genealogía de un conjunto faunístico, y que las relaciones establecidas por ésta no responden a una mera clasificación lógica sino que traduce la existencia de vínculos de parentesco. Cuanto mayor sea el rango de la categoría que engloba a dos especies, más remoto será este vínculo y, por tanto, más alejada en el tiempo estará la dicotomía a partir de la cual se produjo la divergencia entre ambos linajes.

Como hemos visto, la concepción de la sistemática en el darwinismo primitivo difiere en varios aspectos de la establecida posteriormente en la moderna biología evolutiva, especialmente por el hecho de que para Darwin la especie era una categoría taxonómica más, no una de las unidades del proceso evolutivo. Con la asimilación del mendelismo, el mutacionismo y la genética de poblaciones, la teoría de la síntesis sentó las bases de una nueva sistemática, basada en los conceptos clave de homología y monofiletismo. Se define la homología como la semejanza existente entre dos órganos cuando ésta es el producto de una herencia común a partir de un mismo ancestro (aun cuando las funciones que realicen sean diferentes). Por el contrario, se habla de convergencia cuando, desde líneas evolutivas independientes, se llega a un desarrollo parecido de ciertos órganos. Se dice entonces que tales órganos son análogos. Cuando dos grupos emparentados siguen pautas evolutivas semejantes, se habla entonces de paralelismo.

Muy ligados a los anteriores se encuentran los conceptos de monofiletismo y polifiletismo. El paleontólogo G.G. Simpson definió la monofilia como la derivación de un taxón a partir de uno o más linajes de un taxón ancestral inmediato de rango igual o inferior. Un taxón que no cumpla estos requisitos se considera entonces polifilético, es decir, producto de un proceso de convergencia evolutiva a partir de varios linajes diferentes.

Sin embargo, a pesar de la profunda renovación conceptual que supuso la formulación de la teoría sintética, sus efectos en la práctica de la sistemática fueron más bien escasos. Los conceptos de monofilia y homología tenían una evidente consistencia teórica, pero se hacía difícil encontrar un método objetivo de aplicación. Como el mismo Simpson reconoció, la sistemática seguía constituyendo, en parte, un «arte» dependiente del mejor o peor «ojo» del especialista.

No es de extrañar, pues, que pronto surgiesen las primeras voces reclamando una metodología taxonómica objetiva, plenamente científica. Así surgió la denominada «taxonomía numérica», también conocida como «fenética». Las bases teóricas de esta nueva escuela sistemática partían del rechazo de cualquier criterio subjetivo que pudiera estar asociado a los prejuicios del científico. Los conceptos de analogía y homología debían dejarse de lado, ya que encerraban un peligroso argumento circular: se dice que los órganos de dos especies son homólogos por cuanto ambas proceden de un tronco común; ahora bien, la base por la cual creemos que dos especies están emparentadas radica precisamente en la homología de sus órganos...

Por otro lado, no debía admitirse un «pesaje» o valoración previa de los caracteres que se debían utilizar (normalmente, ya desde Linné, los biólogos sistemáticos suelen otorgar mayor significación a determinados caracteres, a la hora de elaborar sus clasificaciones). Para tal fin debe utilizarse el mayor número posible de caracteres, sin primar o desechar ninguno. En aras de la objetividad científica, estos caracteres deben ser preferentemente cuantificables o, cuanto menos, expresables en parámetros cuantitativos. Sometidos posteriormente a un adecuado tratamiento estadístico, la conjunción de todos estos valores permitirá la elaboración de un árbol filogenético o dendrograma. En ellos, el tanto por ciento de similitud fenética en base a la totalidad de los caracteres utilizados determinará la distancia a la que se sitúen los distintos nudos del árbol y, por tanto, el grado de parentesco entre los distintos taxones.

Sin embargo, el problema tanto de la sistemática de la síntesis como de la taxonomía numérica radica en que ninguna de ellas consigue hacer operativo el principio básico de que la clasificación debe ser un reflejo de la filogenia, es decir, de la historia del grupo. Al obviar la taxonomía numérica los posibles fenómenos de convergencia, los dendrogramas elaborados según esta filosofía sistemática reflejan el grado de similitud, pero no necesariamente las relaciones de parentesco entre las distintas especies o taxones. En otras palabras, la taxonomía numérica no constituye una auténtica sistemática filogenética.

El origen de lo que se ha llamado «sistemática filogenética» o cladística se sitúa en la obra del entomólogo alemán Willy Henning *Phylogenetic systematics,* publicada en 1965. Como su nombre indica, la sistemática filogenética constituye una metodología ideada para elaborar clasificaciones que reflejen la historia de un grupo. No se trata, en realidad, de averiguar cuál es el antecesor directo de un determinado taxón, ya que, desde la filosofía de la ciencia de Karl Popper (en que la cladística afirma basarse) las relaciones ancestro-descendiente no son refutables y, por tanto, no constituyen auténticas hipótesis científicas. De lo que se trata es de establecer hipótesis de parentesco, es decir, constituir grupos monofiléticos basados en un determinado taxón y su pariente más cercano (lo que se denomina un «grupo hermano»). Todo proceso de especiación incluye una dicotomía por la cual una especie B se diferencia a partir de otra especie A previamente existente. Decimos entonces que A es el grupo hermano de B. Ambas poseerán en común un cierto número de caracteres que a su vez formarán parte del acervo de otras muchas especies. Es obvio que este tipo de caracteres no nos proporciona información sobre las relaciones filogenéticas entre A y B. A su vez, durante el proceso de especiación, es muy posible que B adquiera un cierto número de especializaciones propias que no compartirá con ninguna otra especie, ni siquiera con A. Tampoco este tipo de caracteres nos proporcionará información sobre las relaciones entre A y B. Los únicos caracteres, por tanto, que nos permitirán afirmar que A es el grupo hermano de B serán aquellos compartidos a su vez por A y B, pero no por ninguna otra especie, producto de su historia en común. Así pues, para cada carácter Henning distingue en principio entre un estadio primitivo, plesiomórfico, y un estadio derivado o evolucionado, el estadio apomórfico. Los grupos hermanos deben constituirse a partir de aquellos caracteres derivados en común por las dos especies, esto es, los llamados estadios sinapomórficos, y deben rechazarse aquellos caracteres primitivos compartidos con otros grupos (o estadios simplesiomórficos) así como aquellos caracteres derivados en solitario (o autapomórficos). Desde esta perspectiva, un grupo monofilético es aquel formado estrictamente por una especie más todos sus descendientes (compárese con la definición previa de Simpson). Las relaciones entre convergencia evolutiva, sinapomorfía y simplesiomorfía pueden resumirse en el siguiente esquema (suponiendo que el estadio «a» es plesiomórfico y el estadio «A» es apomórfico):

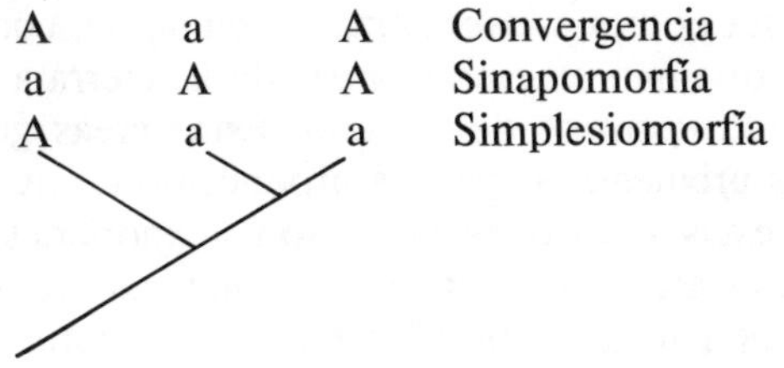

Un grupo formado a partir de la concurrencia de caracteres convergentes será entonces un grupo polifilético y, por tanto, «no natural» desde el punto de vista de la sistemática filogenética. Pero, además, la cladística introduce un nuevo tipo de categoría taxonómica no natural, los denominados grupos parafiléticos, es decir, aquellos formados a partir de caracteres simplesiomórficos. Categorías tales como invertebrados, peces o reptiles constituyen grupos parafiléticos que expresan grados de complejidad estructural pero no auténticos grupos monofiléticos con significación filogenética (es decir, una especie más todos sus descendientes). A partir de esta base conceptual, la cladística ha elaborado un ingente número de métodos para la elaboración de cladogramas, reconocimiento de grupos hermanos, establecimiento de criterios de polaridad y otras técnicas que han contribuido a una reinterpretación profunda de la sistemática.

El debate biogeográfico

La revisión del neodarwinismo ha llegado también a campos tradicionalmente ajenos a este tipo de debates, como es la biogeografía. En realidad, el análisis de la distribución espacial de los seres vivos estuvo ya desde un principio íntimamente ligado al desarrollo del darwinismo primitivo. Darwin llegó a sus conclusiones sobre la selección natural tras un largo viaje en el que pudo constatar la variedad de formas en cada área geográfica. Asimismo, Wallace, el *alter ego* de Darwin (sólo a una casualidad se debe que hablemos de darwinismo y no de wallacismo), era básicamente un biogeógrafo, y fueron sus conclusiones biogeográficas las que le llevaron al concepto de selección natural.

A nivel teórico, la biogeografía histórica llegó a su madurez con la teoría sintética de la evolución. El modelo biogeográfico neodarwinista podría esquematizarse, en suma, como sigue. Las especies se originan en ciertas áreas de la Tierra a las que se da el nombre de «centros de origen». Estas áreas gozan de unas condiciones privilegiadas para la producción de nuevas especies. A su vez, estas nuevas especies son «exportadas» por dispersión o migración a otras áreas. Al colonizar nuevas áreas, las especies recién llegadas desplazarán a los primitivos habitantes de aquéllas. Si tenemos en cuenta que el modelo neodarwinista concibe la evolución como un proceso progresivo tendente a producir formas cada vez más avanzadas y mejor adaptadas al ambiente, es de suponer que, al colonizar un nuevo hábitat, las especies recién llegadas sean «superiores» a las que previamente poblaban la zona y, por tanto, las desplacen hacia áreas más marginales (véase el capítulo 4). Esto permite explicar por qué los llamados «fósiles vivientes» aparecen siempre en reductos restringidos. En consecuencia, los miembros más primitivos de los linajes evolutivos tenderán a situarse hacia los márgenes de las áreas de distribución, mientras que las formas más evolucionadas aparecerán como las más próximas a los centros de origen.

El modelo biogeográfico neodarwinista se desarrolló de acuerdo con una concepción estática de la Tierra, en la que la distribución de masas continentales e islas habría sufrido escasas modificaciones a lo largo de la historia geológica. Los únicos movimientos que se habrían producido en la corteza terrestre serían de tipo isostático, es decir, verticales: hundimiento o elevación de masas continentales, transgresiones o regresiones marinas. De ahí que el léxico biogeográfico se poblara de términos tales como «puentes intercontinentales», «filtros», «barreras», «balsas» y otros, todos ellos necesarios para explicar la dispersión de los organismos terrestres en un contexto de masas continentales fijas y aisladas.

En la década de 1950, Croizat, un ornitólogo afincado en Venezuela, propuso un nuevo método de análisis de las distribuciones biogeográficas, la llamada biogeografía vicariante. A diferencia de los modelos biogeográficos anteriores, el modelo vicariante considera que la actual distribución de las especies, más que reflejar la historia particular de cada una de ellas, su mayor o menor capacidad intrínseca de dispersión, refleja en realidad la historia de las áreas que ocupan (que constituye la primera causa de la diversidad espacial). Por este motivo, la concurrencia de varias especies en una zona no sería el producto del desplazamiento de unas determinadas poblaciones por otras mejor adaptadas llegadas desde su centro de origen, sino que correspondería, más bien, a la partición de la especie original en diversas especies derivadas por fragmentación del área previamente ocupada. La biogeografía vicariante, pues, aun cuando admite que ciertas distribuciones son sólo explicables por dispersión, rechaza el concepto de centro de origen como instrumento de análisis biogeográfico. Para Croizat, la distribución de una única especie o grupo no permite por sí sola extraer conclusiones sobre su historia biogeográfica. Es necesario superponer a esta distribución las de los otros grupos que coexistan en el área. Si posteriormente contrastamos los distintos patrones de distribución con las filogenias de cada línea evolutiva, podremos hacernos una idea de la historia biogeográfica de la región. De este modo, pueden separarse los factores puramente particulares de la dispersión de un grupo y atender principalmente a aquellos más generales ligados a la historia global del área estudiada.

En realidad, la biogeografía vicariante tenía un precedente ilustre en la teoría de la hologénesis. Esta teoría fue enunciada en 1909 por el zoólogo italiano D. Rosa en el contexto de una interpretación finalista de la evolución biológica. Aun así, contiene dos premisas interesantes, que son las que la hacen congruente con el modelo vicariante de Croizat. En primer lugar, para Rosa las especies derivan unas de otras según un proceso dicotómico por el cual, a partir de una especie originaria, se derivan dos ramas. Una de ellas, la más precoz, sufre un proceso de cambio acelerado, dando lugar a una forma muy derivada (o «evolucionada»). La otra, por el contrario, mantiene sus caracteres primitivos dentro de un plan más conservador. Este esquema tiene connotaciones evidentemente cladistas, pero además, si se tiene en cuenta la fecha de su enunciación, corresponde a una interpretación sutilmente ecológica de la realidad evolutiva. Un segundo aspecto de interés de la teoría de la hologénesis es que, como el modelo de Croizat, tampoco plantea la distribución de las especies en términos de centros de origen. Para Rosa, las nuevas especies derivadas surgen simultáneamente en extensos segmentos del globo a partir de una especie original de amplia distribución. Sólo que, a diferencia de Croizat, el zoólogo italiano introduce mecanismos finalistas para explicar este origen múltiple.

Durante años, el modelo vicariante de Croizat fue ignorado por la mayor parte de biólogos evolucionistas, que seguían explicando sus distribuciones a través de hipotéticos puentes intercontinentales que súbitamente se hundían en el océano, o bien cadenas de islas por las que los organismos iban circulando como de rama en rama. Sin embargo, la aparición de la teoría de la tectónica de placas, con la consiguiente rehabilitación de la idea de la deriva continental, supuso una validación importante del modelo de Croizat. La imagen de unas masas continentales disgregándose o reunificándose permitía explicar, por vicarianza, los patrones de distribución de una gran cantidad de formas actuales y fósiles, a través de un proceso que calcaba los resultados predichos por Croizat. Digamos, finalmente, que el modelo propuesto por Croizat es asimismo congruente con el mecanismo de especiación alopátrica, generalmente admitido como mecanismo de especiación dominante en la naturaleza.

¿Una teoría estructuralista de la evolución?

Los distintos modelos enumerados tienen todos en común una clara tendencia a superar determinados aspectos de la síntesis neodarwinista y a proclamarse como «nuevo paradigma» en cada una de las disciplinas implicadas (genética, paleontología, taxonomía, biogeografía y otras). Ahora bien ¿tienen todas ellas algo más en común? Es decir ¿puede hablarse de una cierta congruencia entre estas distintas aportaciones, a la hora de elaborar lo que sería un nuevo marco teórico para la evolución biológica? En realidad, los esfuerzos integradores en este sentido han sido más bien escasos, aunque en diversas ocasiones se ha hablado pomposamente de «nuevo paradigma» y de «teoría alternativa al neodarwinismo». Hay que contabilizar en el haber de Niles Eldredge y Joel Cracraft la edición en 1980 de *Phylogenetic Patterns and the Evolutionary Proccess,* una obra que pretendía acoplar los resultados de la sistemática cladista al modelo de equilibrios puntuados. Pese a esta pobreza doctrinal, y dejando de lado el espinoso tema de la selección a nivel de especie, existe un cierto número de rasgos comunes que, de alguna manera, dejan entrever lo que sería una «teoría estructuralista de la evolución» y que se resumen básicamente en los siguientes puntos:

1. Se rechaza la apelación a la selección natural y a la adaptación como solución omnímoda para explicar cualquier fenómeno evolutivo. Este rechazo de lo que podríamos llamar «seleccionismo» o «adaptacionismo» se encuentra en la teoría neutralista de Kimura (existen segmentos del genoma no sujetos

a la selección), en el patrón de equilibrios puntuados (las especies surgen al azar, sin intervención de la selección natural) y en el modelo biogeográfico vicariante (la distribución de las especies no depende tanto de su habilidad colonizadora o de su capacidad para desplazar a otras, sino de los distintos eventos geológicos o geográficos que han afectado a las áreas sobre las cuales se asientan).

2. En la base de muchas de las formulaciones anteriores se encuentra, como patrón básico de diversificación del mundo biológico, el proceso de especiación alopátrica. De alguna manera, tanto el modelo de equilibrios puntuados como la biogeografía vicariante se asientan sobre este principio. Pero además, aun cuando la cladística no nació para resolver los problemas impuestos a la taxonomía por este mecanismo evolutivo, difícilmente podría haberse ideado una metodología sistemática más adecuada a los resultados de la especiación alopátrica.

3. Finalmente, y en coherencia con lo anterior, se postula que las especies son estructuras reales de la naturaleza (para algunos autores como Gould, Stanley o Vrba pueden llegar a ser objeto incluso de selección, independientemente de la selección natural a nivel individual). En términos lógicos, supone afirmar que las especies no son clases sino individuos. Este carácter «estructural» de la especie biológica es una baza fundamental en el modelo de equilibrios puntuados, pero sus derivaciones se encuentran también, implícitamente, en la sistemática cladista. No cabe duda de que ésta presupone especies estables, rígidamente definidas por una serie de caracteres discontinuos. La existencia de «especies de transición» constituye un arduo problema para la cladística, que difícilmente puede trabajar con conjuntos estadísticos o con caracteres sometidos a cambio gradual.

Segunda parte
Viejas metáforas, nuevos paradigmas

6
Y sin embargo, la evolución gradual existe

Como es sabido, y a pesar de su interés en mostrar la existencia de formas de transición en el registro fósil, Darwin no pudo aportar ningún ejemplo concreto en las primeras ediciones de *El origen...* Esta situación cambió sustancialmente en los años inmediatamente posteriores, con el reconocimiento del primer resto de un hombre fósil, el cráneo de Neanderthal, y el descubrimiento de los primeros esqueletos de *Archaeopteryx,* una forma de transición entre reptiles y aves. Pero, como se verá más adelante, estos hallazgos arrastraron consigo durante años una considerable polémica, por lo que su aportación a la hipótesis transformista fue en principio discutida. Por el contrario, dentro de la casuística evolutiva, la serie filogenética de los équidos constituyó la primera aportación indiscutible hecha desde la paleontología a la naciente teoría de la evolución.

Durante décadas, «la evolución de los caballos» fue evocada como modelo de la lenta y progresiva transformación de unas especies en otras: desde el pequeño *Hyracotherium* hasta el gran caballo actual, distintas partes del esqueleto se veían sometidas a un proceso de modificación gradual. Desde un principio, su enunciación fue saludada como un hito por parte de Huxley y Haeckel, y a partir de entonces constituye una cita obligada en todos los manuales de teoría evolutiva.

Los primeros eslabones de esta larga cadena fueron establecidos por el propio Cuvier en su *Recherches sur les ossements fossiles,* al describir los restos de unos grandes ungulados parecidos a tapires procedentes de Montmartre, a los que bautizó con el nombre de *Paleotherium.* A diferencia de sus parientes actuales, estas primeras formas de perisodáctilos se caracterizaban por conservar una configuración primitiva de las extremidades, con cuatro dedos en los miembros anteriores y tres en los posteriores. Más tarde, Owen describió una forma de pequeña talla, *Hyracotherium,* que presentaba estos mismos rasgos primitivos, pero cuya dentición parecía todavía más próxima a la familia de los caballos. Sin embargo, la distancia que separaba el caballo y sus afines de estos primitivos representantes de la base del Terciario era todavía considerable. Fue un alumno ruso de Ernst Haeckel, Wladimir O. Kovalevsky, el que ofreció finalmente una primera versión evolutiva de la historia de este grupo. Siguiendo las recomendaciones de sus mentores evolucionistas, Kovalevsky inició la revisión de los équidos y formas afines descritas básicamente por Cuvier. Pronto el joven paleontólogo se apercibió de que las distintas formas previamente publicadas enlazaban en una serie progresiva que llevaba desde las especies del Eoceno hasta el actual caballo. En 1829, el paleontólogo francés Albert Gaudry había descrito en el yacimiento griego de Pikermi un pequeño équido del tamaño de un poney al que dio el nombre de *Hipparion.* Por su dentición y anatomía craneana, *Hipparion* parecía muy próximo al actual caballo, con molares de corona muy alta reforzados con cemento dentario. Vincular este género con los primitivos *Paleotherium* y *Hyracotherium* parecía casi imposible. Sin embargo, *Hipparion* conservaba unas extremidades dotadas de tres dedos en lugar de uno, un rasgo primitivo que hacía suponer una lejana relación. Revisando los materiales del Museo de Historia Natural de París, Kovalevsky halló por fin la forma que permitía enlazar ambos grupos. Se trataba de la especie *Anchitherium aurelianense,* un pequeño équido descrito por Von Meyer en las arenas miocénicas del Orleanés y que, como *Hipparion,* presentaba tres dedos en cada extremidad. Sin embargo, los molares de *Anchitherium* eran todavía primitivos, de corona baja, en cierto modo similares a los de *Paleotherium* e *Hyracotherium.* Kovalevsky pudo mostrar por fin una serie progresiva de formas que, paso a paso, ligaban las especies del lejano Eoceno con el caballo reciente. La secuencia, además, mostraba una notable congruencia cronológica, un dato altamente significativo para la ciencia de su tiempo: *Paleotherium* e *Hyracotherium* en el Eoceno, *Anchiterium* en el Mioceno inferior, *Hipparion* en el Mioceno superior y en el Plioceno y, finalmente, *Equus* en la actualidad. Probablemente, si en aquellos momentos *Hipparion* hubiese aparecido en el Mioceno inferior y *Anchitherium* en el Plioceno, los enemigos del evolucionismo hubiesen encontrado renovados argumentos paleontológicos contra la nueva teoría. Pero no fue este el caso.

Lo que realmente dota de una extraordinaria originalidad a la obra de Kovalevsky frente a otros trabajos de la misma época relativos a la existencia de supuestas formas intermedias o «eslabones perdidos», es el enfoque a la vez anatómico y funcional con que encara el problema de la evolución de los équidos. En efecto, este autor no se limita simplemente a señalar y describir la existencia de una serie de formas intermedias, sino que ofrece una interpretación adaptativa, y por lo tanto evolutiva, de la razón de estos cambios. Kovalevsky basa su interpretación fundamentalmente en tres tipos de caracteres: anatomía craneal, forma de los dientes y estructura de las extremidades. En todos ellos constata una tendencia progresiva a cambiar en una determinada dirección. Por ejemplo, las patas van reduciendo progresivamente el número de dedos, de cuatro a tres y de tres a uno, hasta el actual caballo, mientras que la talla del animal tiende a hacerse cada vez mayor a medida que nos aproximamos al presente. Pero uno de los cambios más significativos tiene lugar en la dentición. Los molares de las formas eocénicas y oligocénicas eran de corona baja, parecidos a los de los actuales tapires y rinocerontes. Su alimentación, supuso, debió corresponder básicamente a hojas y frutos, cuyo carácter blando no debió ocasionar un desgaste muy pronunciado de los dientes. Por el contrario, en las formas de finales del Mioceno y hasta la actualidad, la altura de la corona del diente creció considerablemente, el esmalte se replegó en numerosas crestas y los huecos se rellenaron con cemento dentario a fin de proporcionar robustez a la pieza. El paso de molares de corona baja (o braquidontos) a molares de corona alta (o hipsodontos) reflejaba un cambio drástico en las condiciones ambientales, con la apertura de grandes praderas herbáceas. En este nuevo biotopo, el principal componente vegetal eran las gramíneas, que contienen una alta proporción de sílice en sus tallos, lo que daría lugar a un rápido desgaste de los molares. De ese modo, las poblaciones con molares cada vez más hipsodontos habrían tendido a prevalecer por encima de aquellas con molares braquidontos. El aumento de altura de los molares y el progresivo repliegue de sus crestas debió suponer un neto incremento de la superficie trituradora del diente a lo largo de la vida del individuo. Las modificaciones anatómicas del esqueleto locomotor encajaban perfectamente en este escenario evolutivo: a lo largo del Terciario las formas plantígradas de bosque eran sustituidas por formas corredoras, lo que explicaba el aumento de talla y la gradual reducción de los dedos laterales.

La interpretación evolutiva de Kovalevsky adolecía, sin embargo, de un único punto débil. A pesar de que la serie de fósiles de équidos europeos ofrecía una gradación progresiva, ésta no era ni gradual ni continua. Parecía, por el contrario, como si cada nueva forma hubiese aparecido bruscamente a partir de la anterior. Por ejemplo, el tránsito de *Anchitherium* a *Hipparion* suponía un drástico aumento de la altura de las coronas dentarias, y otro tanto podía decirse de la reducción de dedos laterales en el tránsito *Hipparion-Equus.* La evolución parecía haber procedido a saltos, una peligrosa concesión al postulado de la fijeza de las especies. Afortunadamente, la solución al enigma apareció casi paralelamente a la publicación de la obra de Kovalevsky y vino del otro lado del Atlántico.

En efecto, cuando apareció la monografía de Kovalevsky sobre los ungulados fósiles, otro paleontólogo, Othniel C. Marsh, se había percatado también del enorme potencial teórico que para la hipótesis transformista tenía el estudio de este grupo de mamíferos fósiles. O. Marsh, al igual que su histórico competidor E.D. Cope, desarrolló en la segunda mitad del siglo XIX una intensa y altamente productiva actividad paleontológica en el Oeste americano, al hilo de la progresiva expansión de los ferrocarriles transcontinentales en esa zona. Aunque el fruto más divulgado de tales campañas fueron las importantísimas colecciones de restos de dinosaurios que hoy se encuentran en el Peabody Museum de Yale, sus prospecciones durante la década de 1870 dieron lugar al descubrimiento de una serie muy completa de restos de équidos primitivos, cubriendo prácticamente todo el Terciario. La serie se iniciaba con *Eohippus,* en el Eoceno (que luego sería sinonimizado con *Hyracotherium)* y continuaba con formas tridáctilas de dientes de corona baja (o braquidontos) hasta el Mioceno superior, en que se pasaba a una dentición de corona alta (o hipsodonta). Finalmente, la evolución de este grupo desembocaba en la primera especie monodáctila, *Pliohippus,* precursora del actual caballo. Prácticamente, la secuencia en general no era muy diferente de la que aparecía en Europa. Sin embargo, el material recogido por Marsh era tan completo que mostraba un cambio prácticamente continuo desde

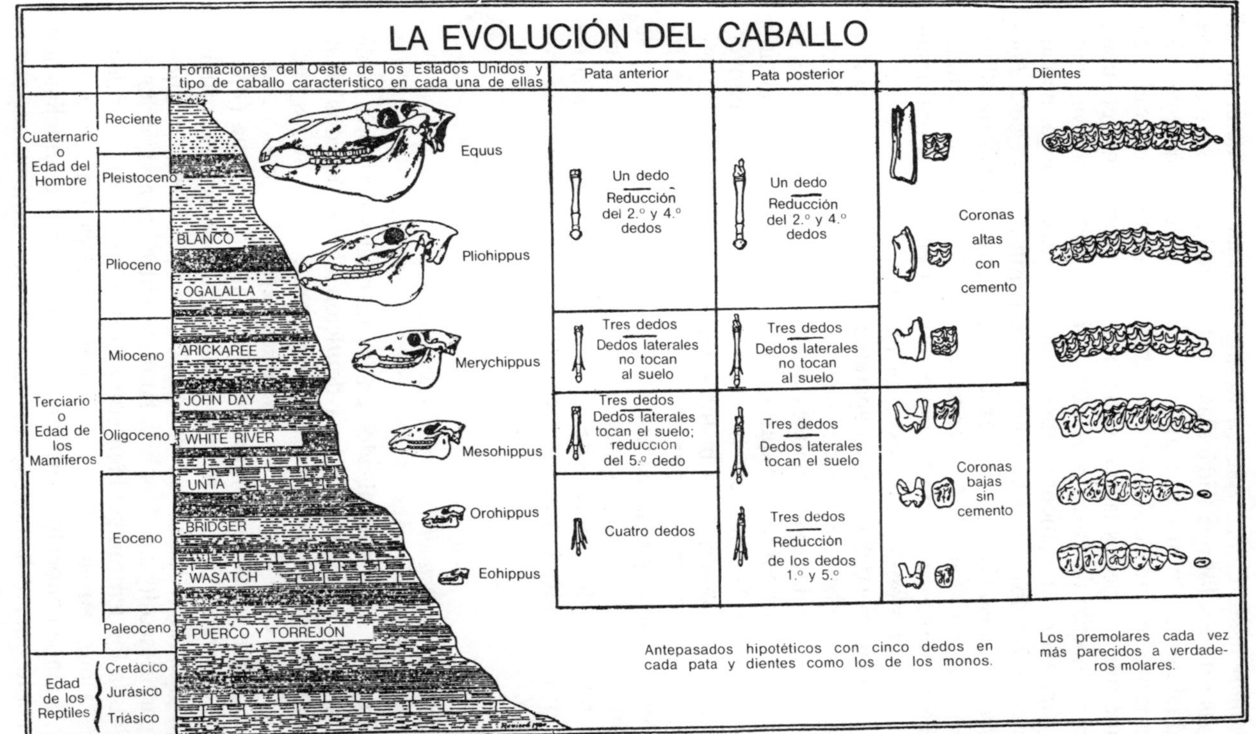

Figura 5. Serie evolutiva de los équidos, de acuerdo con las ideas de O. Marsh (según W.D. Matthew en *Quart. Rev. Biol.*, 1, 1926).

Eohippus hasta *Equus*. Así, en lo que respecta a la locomoción, el paso de las formas tridáctilas a las monodáctilas se realizaba gradualmente. En primer lugar, en *Mesophippus* y *Miohippus,* del Oligoceno, el pie dejaba de ser funcionalmente plantígrado, de forma que los dedos laterales tocaban sólo ligeramente el suelo. El pie tridáctilo de *Parahippus* y *Merychippus* se apoyaba ya, como en *Hipparion,* únicamente sobre el dedo central. Luego, paulatinamente, los dos dedos laterales se redujeron hasta llegar a *Pliohippus* y *Equus*. Gracias a las excepcionales condiciones de afloramiento de los yacimiento americanos, la evolución de los équidos podía seguirse casi perfectamente de capa en capa. Confirmando las impresiones de Darwin, el ejemplo de la evolución de los caballos mostraba que los aparentes saltos en el registro fósil eran un «artefacto» fruto de nuestro conocimiento imperfecto. A medida que las exploraciones avanzaron, nuevos ejemplos se encargarían de demostrar que la evolución se había producido gradualmente. Por primera vez, las capas de la Tierra se convertían en las «páginas de la historia de la vida». Thomas Huxley, informado directamente por Marsh durante una estancia en Inglaterra, y el propio Ernst Haeckel, mentor de Kovalevsky, se mostraron entusiasmados con la serie de los caballos americanos. Más allá de Cuvier, este episodio marcó el inicio de la reconciliación entre la paleontología y la naciente teoría de la evolución.

El caso de los pequeños comedores de hierba

Aunque menos divulgados en los manuales de teoría evolutiva, el proceso seguido por la dentición de los équidos se ha repetido también en otros grupos de grandes y pequeños herbívoros. Este es el caso de los arvicólidos entre los roedores. Esta familia, que toma su nombre de la actual rata de agua *(Arvicola),* fue durante mucho tiempo confundida con la que agrupa a ratas y ratones, los múridos, con los que, no obstante, guarda un parentesco lejano. Los más famosos entre los arvicólidos son sin duda los lemmings, bien conocidos por su comportamiento suicida que, en situaciones de estrés, les lleva a precipitarse al mar. Menos conocidos pero tan interesantes como aquéllos son los comúnmente llamados «topillos», formas subterráneas pertenecientes a los géneros *Microtus* o *Pitymys*. En muchos aspectos, los arvicólidos constituyen un caso excepcional entre los roedores. En primer lugar, se trata de una familia de dispersión holártica que ha alcanzado una extraordinaria diversidad de géneros y especies. Lo interesante en este caso es que esta espectacular diversificación se ha producido, en su mayor parte, en el último medio millón de años. Su cladogénesis, por tanto, es un fenómeno relativamente reciente que, a diferencia de otros grupos, puede ser estudiado con gran detalle. Por decirlo de alguna manera, constituye uno de los pocos casos en que la evolución puede estudiarse «en acción» (por cuanto la expansión y diversificación del grupo todavía no ha concluido). Pero es que, además, los arvicólidos tienen una importante significación de tipo paleoecológico, ligada a su propio origen como grupo. Por lo que conocemos, el origen y evolución posterior de los arvicólidos parece estrechamente vinculado a la evolución climática de finales del Terciario y del Cuaternario (en los periodos conocidos como Plioceno y Pleistoceno). Es bien sabido que este lapso de tiempo, que agrupa los últimos tres millones de años, se ha caracterizado por la alternancia de fases climáticas frías y otras más cálidas. A lo largo de toda su historia evolutiva, las sucesivas expansiones de los arvicólidos parecen ligadas a las primeras. Este es el caso de algunos representantes actuales, como los ya mencionados lemmings, o algunas especies de topillos (por ejemplo, *Microtus nivalis*). Otras especies, sin embargo, como *Microtus cabrerae,* aparecen ligadas a un clima de tipo mediterráneo. Lo que sin duda une ecológicamente a todos los topillos, como en el caso de la evolución de los caballos, es su aclimatación a praderas herbáceas, en las que desarrollan sistemas de galerías que les permiten nutrirse de los tallos de hierba. Como en los caballos, también entre estos pequeños herbívoros encontramos molares de coronas anormalmente altas, que forman repliegues complicados y que en muchos casos se encuentran reforzados por cemento. Al igual que los équidos del Mioceno, la expansión de aquel tipo de hábitats durante el Cuaternario ha debido favorecer la dispersión y diversificación de este grupo de roedores.

Los dientes de los arvicólidos

El estudio de los arvicólidos cuenta con precedentes tan ilustres como el propio Cuvier, quien en sus *Recherches sur les ossements fossiles* describe y figura un esqueleto de *Arvicola*.

La segunda mitad del siglo XIX y los primeros años del siglo XX vieron incrementarse notablemente el número de especialistas y trabajos monográficos dedicados a los arvicólidos fósiles. Esta tradición cobró un rápido auge en los países del centro y norte de Europa, gracias a las monografías de Reinhold F. Hensel en Alemania (1855, 1856), Lajos de Méhely en Hungría (1914) y Charles I. Forsyth Major y Martin A.C. Hinton en Inglaterra (1902 y 1926, respectivamente). Buena parte de estos primeros especialista eran en realidad zoólogos que habían extendido su interés por las especies actuales al terreno de los arvicólidos fósiles. Si bien en otros grupos éste es un salto arriesgado, no ocurre así con esta familia de roedores, dadas sus peculiares condiciones de fosilización. Ha de tenerse en cuenta que los arvicólidos constituyen la dieta predominante de la mayor parte de rapaces nocturnas, las cuales regurgitan las partes esqueléticas de sus víctimas en forma de unas acumulaciones ovoides llamadas «egagrópilas». Estas regurgitaciones pueden llegar a formar enormes acúmulos de restos de varios metros de espesor. Muchos de estos depósitos, pertenecientes al final del Terciario o al Cuaternario, han llegado hasta nuestros días fosilizados en el interior de cuevas y macizos calcáreos. No es de extrañar, por tanto, que zoólogos como Hinton o Miller se interesasen también por las extraordinarias acumulaciones de restos procedentes de este tipo de yacimientos, máxime cuando buena parte de las especies están estrechamente emparentadas con las actuales o son prácticamente idénticas. A diferencia de otros grupos de roedores, zoólogos y paleontólogos podían permitirse el lujo de hablar el mismo lenguaje sistemático. En efecto, se da la circunstancia de que los caracteres que permiten el reconocimiento de las formas actuales de arvicólidos son los mismos que utilizan los paleontólogos para diferenciar a sus especies fósiles, a saber, la peculiar morfología de sus molares. Así, a pesar de que los dientes constituyen uno de los elementos más característicos de un mamífero, los zoólogos raramente atienden a los caracteres dentarios para definir y reconocer a las especies actuales. Más frecuentemente, los biólogos recurren a caracteres externos tales como el color del pelaje, la forma de la oreja o la longitud de la cola. Estos caracteres, por el contrario, son difícilmente reconocibles en el registro fósil. Sin embargo, en el caso de los arvicólidos, muchas de las especies actuales presentan un aspecto externo muy parecido y, en estos casos, la forma de sus molares constituye uno de los criterios taxonómicos más fiables. De modo que ni Hinton ni Forsyth Major tuvieron especiales dificultades para iniciar sus estudios sobre las faunas de arvicólidos fósiles del Cuaternario, ya que el tipo de análisis que se debía realizar era muy parecido al que ya habían hecho en sus trabajos sobre las faunas recientes de micromamíferos.

Los molares de los arvicólidos son muy característicos, formados por una sucesión de crestas alternantes que rebanan limpiamente los tallos que quedan atrapados entre ellas. En este sentido, los conjuntos de crestas superiores e inferiores actúan como los filos de unas tijeras. Por eso, a diferencia de los équidos y otros herbívoros, los molares de los arvicólidos presentan una superficie perfectamente plana o, a lo sumo, ligeramente cóncava. Diseños dentarios de este tipo, con molares de superficie plana compuestos por una sucesión de crestas, se encuentran ya hace unos diez millones de años en los géneros *Rotundomys* y *Microtocricetus*. Aunque ambos pertenecen a la familia de los cricétidos, que dio origen a su vez a los arvicólidos, no es probable que exista una relación directa entre ellos. Los primeros arvicólidos verdaderos tuvieron su origen probablemente en algún lugar de Asia central, hace aproximadamente unos seis o siete millones de años. Es en ese momento cuando se detectan los primeros indicios de una incipiente crisis climática, crisis que en las regiones más septentrionales debió favorecer la sustitución de la flora subtropical típica del Mioceno por otra de carácter más estépico. En ese contexto, los primeros arvicólidos, pertenecientes a los géneros *Microtodon, Celadensia* y *Promimomys,* presentan ya las características propias del grupo, pero su diseño dentario es aún muy próximo al de los cricétidos, con molares simples de corona relativamente baja. El aumento de superficie cortante se produjo en los arvicólidos de manera algo diferente a como hemos visto en los équidos. En primer lugar, la situación de partida de este grupo de roedores era claramente más precaria que en el caso de aquellos grandes herbívoros. Mientras que los équidos mantenían su serie molar y premolar completa, el grupo que dio origen a los arvicólidos presentaba una fórmula dentaria extraordinariamente reducida. Cricétidos y múridos se caracterizan entre los roedores precisamente por carecer de premolares, por lo que toda la serie yugal queda reducida a tres molares por hemimandíbula. En la mayor parte de los équidos, los premolares, lejos de reducirse o desaparecer, se molarizan, es decir, adquieren la misma forma y dimensiones de los molares, aumentando por tanto significativamente la superficie de abrasión. Sin embargo, esta fórmula no ha podido ser seguida por los arvicólidos, dotados tan sólo de tres molares por hemimandíbula. En su lugar, los primeros molares inferiores (y, en menor medida, los terceros superiores) se han ido haciendo cada vez más largos, multiplicando progresivamente el número de lóbulos dentarios. Que esta fórmula no es exclusiva de los arvicólidos nos lo demuestra *Microtia,* una especie de rata endémica de lo que un día fue la isla de Gargano, en el sur de Italia, la cual presenta también una tendencia a la multiplicación de sus lóbulos dentarios de una manera que recuerda extraordinariamente a la de aquéllos.

Evolución gradual en los primeros arvicólidos

El esquema del primer molar en los primitivos arvicólidos es todavía muy similar al de sus antepasados, los hámsters del Mioceno: cuatro lóbulos dentarios (que corresponden a las cuatro cúspides principales de cualquier molar de mamífero) más un lóbulo anterior redondeado. Los representantes del género *Promimomys,* originario de las planicies centrales de Asia, protagonizaron un amplio proceso de expansión a principios del Plioceno, hace unos cuatro millones de años, extendiéndose desde el extremo occidental de Europa hasta Norteamérica. Esta primera fase de dispersión fue probablemente debida a alguna incipiente crisis climática de tipo frío. Con todo, a principios del Plioceno las faunas de Eurasia continúan dominadas por los múridos, el grupo que incluye las actuales ratas y ratones. En este último continente, *Promimomys* es sustituido por *Mimomys,* una

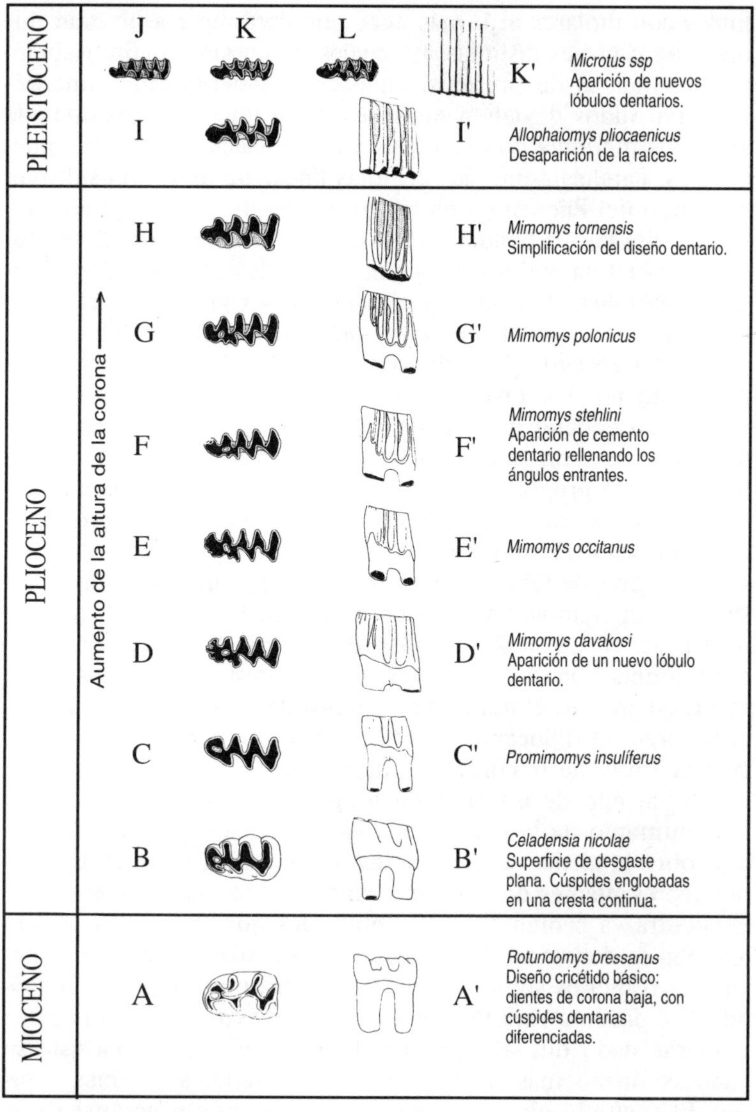

Figura 6. Evolución del primer molar inferior en los arvicólidos europeos. A lo largo del Plioceno, la corona se hace cada vez más alta, las raíces dejan de formarse y la parte anterior del diente se complica.

forma con molares algo más altos que dará lugar a un gran número de especies distintas, las cuales desplazarán definitivamente a las faunas de múridos persistentes del Mioceno superior. Los arvicólidos devienen entonces, hace unos tres millones de años, los roedores dominantes en las asociaciones de micromamíferos. Paralelamente, las distintas líneas de *Mimomys* sufrirán, a lo largo del Plioceno, una progresiva tendencia al aumento de la hipsodontia y a la adquisición de cemento dentario. Este proceso gradual ha podido ser seguido en detalle por el paleontólogo francés Jean Chaline en el seno de un grupo particular de *Mimomys,* la línea *M. occitanus - M. pliocaenicus,* que se desarrolló en Europa hasta el Plioceno superior. Aunque el esquema propuesto por Chaline es probablemente demasiado simplista, el proceso general de transformación puede considerarse paradigmático para otros arvicólidos. Los representantes más primitivos de este grupo, pertenecientes a las especies *Mimomys davakosi* y *M. occitanus,* presentan molares todavía muy próximos a su antecesor *Promimomys:* corona relativamente baja, formada por una serie de lóbulos alternos. *Mimomys,* sin embargo, muestra un primer molar inferior en el que se ha producido ya una modificación sustancial del plan de los cricétidos, con una notable ampliación de la superficie de abrasión del molar, que ve incrementados el número de lóbulos dentarios de cinco a siete. A lo largo del Plioceno, además, asistimos a un proceso por el cual la altura de la corona tenderá a aumentar ininterrumpidamente, al hilo de un también progresivo aumento de tamaño. Este aumento de la hipsodontia va a tener a su vez otros efectos sobre la forma de los dientes. De un lado, a partir de algunos representantes del Plioceno superior *(Mimomys polonicus),* se encuentra ya cemento en los repliegues que forman los distintos lóbulos dentarios. Probablemente, esta adaptación, que aparece más o menos simultáneamente en distintas líneas de arvicólidos, se produjo para proporcionar una mayor solidez a la pieza dentaria, dado que al aumentar la altura de su corona ésta se hace asimismo más frágil y vulnerable frente a posibles roturas. El segundo efecto asociado a este aumento gradual de la hipsodontia es la tendencia a la simplificación del diseño dentario. Así, los molares de los primitivos *Mimomys* (y en especial el primer molar inferior) se caracterizan por la presencia de una serie de pliegues e islotes accesorios, de escaso valor adaptativo y que probablemente constituyen estructuras heredadas de sus antecesores cricétidos. Pues bien, a lo largo de la evolución de *Mimomys* es posible observar cómo estos rasgos morfológicos tienden a quedar relegados a los estadios más juveniles de desgaste, desapareciendo definitivamente en las especies más evolucionadas del Plioceno superior. Como el lector ya habrá apreciado, el proceso evolutivo asociado a esta modificación corresponde a un mecanismo heterocrónico, esto es, a un cambio que modifica el ritmo de desarrollo del individuo. Más concretamente, el proceso seguido por estos arvicólidos corresponde a un fenómeno de aceleración evolutiva, por el cual los caracteres adultos del ancestro aparecen en los estadios juveniles del descendiente. De este modo, de una manera irreversible, *Mimomys* fue modificando gradual pero espectacularmente su morfología dentaria, con molares cada vez más altos y más simples, proceso que llega a su punto máximo en los últimos representantes del Plioceno superior y del Pleistoceno inferior. Con todo, hay que decir que, a pesar de todas estas modificaciones, el número de lóbulos dentarios de los molares inferiores de *Mimomys* no varía a lo largo de su periplo pliocénico.

A partir de aquel momento, que coincide *grosso modo* con el tránsito Plio-Pleistoceno, se va a producir una inflexión en la evolución de los arvicólidos en Eurasia, particularmente dentro del grupo de los *Mimomys*. En su mayor parte, los arvicólidos del Pleistoceno (y, por supuesto, los actuales) difieren de sus ancestros pliocénicos en la ausencia de raíces, uno de los últimos caracteres dentarios que todavía permitía identificarlos como formas derivadas de los cricétidos. Además, como ya ocurriera con la aparición del cemento dentario, este fenómeno de pérdida de las raíces se produce más o menos simultáneamente en diferentes líneas. En realidad, más que hablar de una estricta «pérdida» de raíces, habría que decir que éstas dejan de aparecer o no llegan a aparecer nunca en la vida del individuo. De nuevo aquí cabe interpretar esta modificación como un fenómeno heterocrónico, ligado a la ontogenia del animal. En un primer golpe de vista, la ausencia de raíces podría ser catalogada como un carácter infantil o juvenil que se ha preservado en las formas adultas de los representantes pleistocénicos. Si ello fuese así, nos encontraríamos ante un caso de neotenia, exactamente el fenómeno opuesto a la aceleración (que, como hemos visto, fue durante el Plioceno el principal mecanismo de modificación de la morfología dentaria de *Mimomys)*. Aun cuando puedan existir dudas sobre el carácter neoténico de la ausencia de raíces en los arvicólidos pleistocénicos, la influencia de la neotenia (esto es, la retención de caracteres juveniles en el adulto) es evidente a lo largo de la evolución de este grupo durante el Cuaternario.

A principios del Pleistoceno, un único arvicólido, *Allophaiomys* (sinonimizado a veces con los actuales *Microtus)* va a extender su área de dispersión a toda la región holártica, desde el sur de la península Ibérica hasta las montañas Rocosas, pasando por el norte de Siberia y Europa central. A partir del Pleistoceno medio, este amplísimo rango de distribución va a desembocar en la aparición de numerosas líneas vicariantes, precursoras de las numerosísimas especies actuales de topillos, que se reparten entre los géneros *Microtus, Pitymys* y *Phaiomys*. A excepción de este último género, que ha retenido el primitivo diseño dentario de *Allophaiomys,* la evolución del resto de especies de este grupo a lo largo del Cuaternario se caracterizó por la multiplicación de lóbulos dentarios en el primer molar inferior, un «tema evolutivo» que había quedado «aparcado» desde el tránsito *Promimomys-Mimomys*. Y, efectivamente, dicha multiplicación de lóbulos dentarios se produce mediante un mecanismo heterocrónico de tipo neoténico. La evolución de una especie concreta de *Allophaiomys* en la península Ibérica, *A. chalinei,* constituye un caso claro de cuanto decimos. *Allophaiomys chalinei,* como su pariente holártico *A. pliocaenicus,* muestra molares inferiores relativamente sencillos, parecidos a los del actual *Phaiomys*. Sin embargo, en algunos yacimientos del Pleistoceno inferior donde aparece esta especie, es posible comprobar la existencia de molares con lóbulos complementarios, extraordinariamente parecidos a los de distintas especies de los géneros *Microtus* y *Pitymys,* que aparecen en el Pleistoceno medio y superior. Ahora bien, si observamos estos molares prácticamente vírgenes por su cara inferior (esto es, la morfología adulta que va a aparecer cuando el desgaste avance), nos encontramos de nuevo con un diseño simple de tipo *Phaiomys*. La aparición de nuevos lóbulos dentarios en los géneros *Microtus* y *Pitymys* puede, por tanto, explicarse a través de la retención en el adulto de caracteres presentes en los individuos juveniles de sus antecesores del Pleistoceno inferior y corresponde, por tanto, a un proceso heterocrónico de tipo neoténico.

Modalidades de la evolución en los arvicólidos

A lo largo de este repaso de la línea evolutiva que desde *Promimomys* conduce hasta los actuales topillos, es posible distinguir distintas modalidades de evolución que, por lo demás, pueden ser igualmente trasplantadas a la filogenia de otros grupos de arvicólidos.

Los primeros representantes de esta familia *(Microtodon, Baranomys, Celadensia, Promimoys)* difícilmente pueden ser separados de sus antecesores directos, los cricétidos (la familia que incluye los hámsteres), si no es por una innovación fundamental: la adquisición de una superficie plana de desgaste dentario que se superpone a un diseño preexistente a base de crestas. Esta innovación, en sí, no entraña cambios estructurales o morfológicos importantes, por cuanto sólo afecta, en el fondo, a la dirección predominante de los movimientos masticatorios. De hecho, en la mayor parte de cricétidos, un diseño dentario a base de cúspides (o bunodonto) o de crestas (lofodonto) con relieve, se asocia a un proceso masticatorio complejo en el que muchas veces son dominantes los movimientos de tipo labial-lingual (o transversales), como ocurre en la mayor parte de grandes herbívoros (como en los équidos o en los rumiantes). Por el contrario, cuando, como sucede en los arvicólidos, se introduce como vector dominante una componente antero-posterior, el resultado previsible sobre la dentición es la tendencia a desarrollar una superficie plana de desgaste. De hecho, esta innovación no ha sido exclusiva de los arvicólidos, ya que este tipo de adaptación se observa también en otros grupos de hámsteres fósiles. En todos los casos, sin embargo, se constata que la adopción de una superficie de abrasión plana debió de ser un proceso sumamente rápido, que aparece como un «salto evolutivo» en el registro fósil.

El tránsito de los arvicólidos primitivos a las formas dominantes del Plioceno medio como *Mimomys* no dio lugar a grandes modificaciones: un ligero aumento de talla e hipsodontia y una mayor complicación del primer molar inferior, que adquiere un lóbulo suplementario. Como hemos visto, sin embargo, la evolución posterior de *Mimomys* no va a seguir esta vía de la multiplicación de lóbulos dentarios. Por el contrario, a lo largo de esta línea evolutiva se observa un gradual incremento de la talla e hipsodontia y una progresiva simplificación del diseño dentario, ligado a un proceso heterocrónico de aceleración. En realidad, este patrón de cambio no es exclusivo de los arvicólidos, sino que se encuentra en otras familias de roedores fósiles. En todos los casos el esquema básico es muy parecido, con formas de corona baja que adquieren una superficie de desgaste plana y en las que se produce un gradual aumento de la altura de la corona, a la vez que aumenta el número de lóbulos dentarios. Ahora bien, el análisis de los casos mencionados muestra que esta evolución gradual sólo afecta a determinados caracteres de la corona dentaria. En otras palabras, los casos registrados de evolución gradual en roedores pueden reducirse a:

- variaciones de talla (generalmente, aumento);
- aumento de la altura de la corona (hipsodontia);
- homogeneización de la morfología dentaria, que puede ir acompañada de una gradual multiplicación del número de lóbulos o crestas dentarias;
- pérdida de raíces.

Los cuatro procesos aparecen frecuentemente asociados: un aumento de hipsodontia va normalmente ligado a un aumento de talla y a la eliminación de diversos elementos accesorios de la corona (homogeneización). Además, a excepción de la pérdida de raíces (que parece ligada a un fenómeno neoténico o de retardo evolutivo), un único mecanismo heterocrónico, la aceleración, permite explicar todo este conjunto de modificaciones. Aun así, es innegable que la evolución de *Mimomys* en el Plioceno, así como la de otros grupos, constituye un ejemplo claro de cambio gradual y progresivo en una determinada dirección. ¿Cuál puede haber sido la causa de este cambio, desarrollado a lo largo de más de tres millones de años? Ante nosotros se presentan cuatro escenarios posibles:

a) *Ortogénesis.* Algunos paleontólogos europeos de la primera mitad del siglo XX creían que los casos de evolución regular y rectilínea a lo largo de millones de años venían provocados por la existencia de tendencias internas en el organismo, que abocaban a éste a una evolución predeterminada. Aunque la versión ingenua de la ortogénesis nació evidentemente de una concepción finalista de la evolución, existe lo que podríamos llamar una versión actualizada de la ortogénesis, basada en la existencia de constricciones al desarrollo: bien pudiera ser que, para un determinado organismo, no todas la soluciones evolutivas fuesen posibles. Ello determinaría que cualquier cambio que tuviese lugar, por ejemplo, en la dentición, sólo podría producirse en algunas direcciones determinadas, y no en otras. En el caso de la evolución de *Mimomys* esto supondría que, una vez encauzados en el camino de la hipsodontia, no habría más salida que continuar desarrollando molares de coronas cada vez más altas, sin posibilidad de retorno.

b) *Ortoselección.* La ortoselección constituye, en cierta manera, la respuesta del neodarwinismo al problema de las tendencias evolutivas y de las largas series filogenéticas de cambio gradual y progresivo. Supone que la selección natural, aplicada constante y progresivamente a la evolución de un grupo, permite explicar estos fenómenos de cambio evolutivo gradual durante millones de años. En el caso de la evolución de *Mimomys,* habría que admitir asimismo una permanente y gradual degradación del ambiente que, a lo largo de tres millones de años, habría forzado también en las especies de este género un cambio gradual y progresivo. Sin embargo, para cualquier persona mínimamente versada en biología de las poblaciones se hace extremadamente difícil imaginar tal tipo de presión de selección, aplicada de una manera constante a lo largo de millones de años.

c) *Gradualismo puntuado.* Con este término queremos indicar una posible variante del modelo de «equilibrios puntuados» de Eldredge y Gould, que no difiere sustancialmente de la interpretación dada por estos autores en 1972 para explicar las largas series filéticas de transformación gradual. Según este patrón, podríamos suponer que el gradual aumento de hipsodontia de *Mimomys* es sólo aparente. En realidad, se trataría de un proceso de reemplazamiento por el cual, de tanto en tanto, poblaciones más hipsodontas desplazarían a sus predecesoras de corona más baja. Como en el caso de la ortogénesis, también aquí se generaría un mecanismo de evolución «sin retorno», ya que la presión de selección en los momentos de cambio favorecería a las poblaciones algo más hipsodontas. La única objeción que podemos oponer a esta explicación es que, con los datos existentes, podemos afirmar que *Mimomys* responde realmente a un ejemplo de cambio gradual en una línea evolutiva.

d) *Efecto Reina Roja.* Como hemos visto en un capítulo anterior, Van Valen basó la formulación de su ley en una supuesta constancia de las tasas de extinción y aparición de especies en distintos grupos. Aplicado a la evolución, significa que las especies se ven impelidas constantemente a evolucionar, debido a las condiciones cambiantes del ambiente y a la competencia con otras especies. En el caso de los arvicólidos del Plio-Pleistoceno, el proceso de cambio gradual que se observa en la dentición sería el resultado de la permanente interacción entre las distintas especies que se encuentran en cada momento y que difícilmente llegarían a un equilibrio estable. Las fluctuaciones climáticas características del Cuaternario y las sucesivas olas de superpoblación que todavía hoy muestran este tipo de roedores forzarían una competencia constante tanto por los recursos limitados del ambiente como frente a posibles depredadores.

Aunque probablemente varios de los mecanismos enumerados han influido en algún momento en la evolución de los arvicólidos, la última de las hipótesis citadas tiene la ventaja de ofrecer una explicación para la peculiar secuencia de modificaciones que se observa en *Mimomys* y otros géneros afines. En efecto, como hemos visto anteriormente, el aumento de superficie de abrasión se ha producido a través de dos mecanismos básicos: incremento de la hipsodontia y multiplicación de lóbulos dentarios. Ambos mecanismos aparecen, no obstante, independientes y mutuamente excluyentes entre sí en el linaje evolutivo que, desde *Mimomys,* lleva a los actuales topillos. La multiplicación de lóbulos dentarios parece jugar un pequeño pero significativo papel en las primeras etapas de transformación de los arvicólidos, particularmente en el tránsito *Promimomys-Mimomys.* Por el contrario, a lo largo de la línea evolutiva que va desde *Mimomys occitanus* hasta *Mimomys pliocaenicus* no se aprecian modificaciones sustanciales en el diseño oclusal, y un nuevo tipo de adaptación, la hipsodontia creciente, va a caracterizar la evolución posterior de este grupo. Por lo demás, sorprende comprobar que las mismas modificaciones (tasa de hipsodontia, aparición de cemento, pérdida de raíces) se producen más o menos simultáneamente en distintas líneas, confirmando un efecto predicho por la hipótesis de la Reina Roja. Finalmente, una vez agotada la vía de la hipsodontia creciente y convertidos los molares en piezas de crecimiento continuo, las especies de los géneros *Microtus* y *Pitimys* abren de nuevo, a partir del Pleistoceno medio, la vía de la multiplicación de los lóbulos dentarios, a través de un mecanismo heterocrónico de neotenia o retardo evolutivo.

Así pues, la evolución de los topillos del Plio-Pleistoceno aparece pautada por una serie de peldaños sucesivos: superficie de abrasión plana - hipsodontia creciente - multiplicación de lóbulos dentarios en el primer y tercer molar. Cada peldaño es superado únicamente cuando se ha alcanzado el anterior. Así, no existen molares de morfología primitiva que hayan perdido sus raíces y, a la inversa, la multiplicación de lóbulos dentarios no se observa en las formas susceptibles de incrementar la altura de sus coronas. En realidad, estos peldaños mutuamente excluyentes aparecen como las etapas de una carrera en la que jamás se llega a un final y en la que se encuentran implicados varios jugadores simultáneos. Todo parece indicar que, a lo largo del Plioceno y del Pleistoceno, el equilibrio entre las distintas especies competidoras no llegó nunca a establecerse, tal vez como resultado de las numerosas fluctuaciones climáticas a que se ha visto sometida la región paleártica en los últimos millones de años, las cuales, de alguna manera, «han roto siempre la baraja». En cualquier caso, si este escenario es correcto, también los arvicólidos pueden proclamar, como el personaje de Sartre, que «el infierno son los otros». Un infierno, naturalmente, evolutivo.

7
Reconsiderando la era de los reptiles

Desde antes de *El origen de las especies* los paleontólogos eran conscientes de que la historia de la vida no podía reducirse a un *continuum* de sustituciones puntuales, con cada sistema virando gradualmente el «color» de su fauna. Por el contrario, la marcha de la historia suponía una larga sucesión de abruptos recambios, a la manera de los peldaños de una escalera. Entre cada peldaño, como si de las viñetas de un cómic se tratase, el vacío existente se llenaba de conjuntos faunísticos más o menos homogéneos, correspondientes a fases de aparente estabilidad. Así surgieron las grandes divisiones de la historia de la vida: Paleozoico, Mesozoico, Terciario, Cuaternario. Pero también, Cámbrico, Ordovícico, Silúrico, Devónico y hasta más de una docena de subdivisiones de primera magnitud. Cada uno de estos grandes periodos, con una duración media de entre 30 y 40 millones de años, representaban momentos de una supuesta estabilidad, cortados violentamente por una revolución o reorganización biológica a gran escala. Sin embargo, a medida que el conocimiento de la historia de la vida fue avanzando, cada uno de estos periodos fue objeto, a su vez, de nuevas y sucesivas particiones internas, lejos de la aparente homogeneidad entrevista en un principio. Y a los periodos (o sistemas) siguieron los subsistemas. Y a los subsistemas, las series. Y a las series, las zonas, subdivididas a su vez en subzonas. En fin, cada vez más la historia de la Tierra comenzó a parecerse a la flecha del aforismo de Zenón de Elea, con un tiempo geológico progresivamente subdividido hasta el fin. A medida que progresaba el conocimiento de las faunas fósiles, se afianzaba la idea de que las grandes revoluciones eran en el fondo reducibles a una larga sucesión de cambios jerárquicamente menores. Para los albores del siglo XX, el tiempo geológico había ya acomodado su estructura al gradual proceso de reemplazamiento que la teoría de la evolución parecía exigir. Sólo algunas grandes extinciones aparentemente masivas parecían resistirse al esquema general. Pero, después de todo, ¿por qué no atribuir estos cortes abruptos a posibles hiatos en el registro geológico, fácilmente subsanables cuando nuestro conocimiento de ellos fuese más completo? De este modo, la estructura general de la historia biológica se adaptó al esquema de progreso gradual requerido por el evolucionismo primitivo.

En realidad, tanto el escenario geológico como el registro fósil conocido se adecuaban perfectamente al sistema de «grados evolutivos» progresivos imperante en la sistemática del siglo XIX. Dentro del Paleozoico, el Cámbrico constituía el momento de la primera radiación de organismos pluricelulares, en el Ordovícico aparecían los primeros vertebrados, el Silúrico compartía con el Devónico la calificación de «era de los peces», el Carbonífero se convirtió en la «era de los anfibios», que desembocaba a su vez en el preludio de la era de los reptiles, el Pérmico. El Mesozoico entero, Triásico, Jurásico y Cretácico, constituyó el denominado «reino de los reptiles», la «edad media» de la historia geológica. Después de la «era de los mamíferos» (el Terciario), se desembocaba, finalmente, en la culminación de la historia biológica, la «era del hombre» (o Cuaternario).

En este contexto, el Mesozoico, «la era de los reptiles», constituía una mera etapa de tránsito entre el Paleozoico (la era de los vertebrados «inferiores») y el Terciario. Esta última era se convirtió en algo así como «la era de la endotermia», por cuanto los dos grupos dominantes en ella, aves y mamíferos, se caracterizan por mantener una temperatura corporal constante pese a las variaciones ambientales (y a diferencia del resto de los seres vivos). Sin embargo, este sencillo esquema lineal ha ido debilitándose a medida que nuestro conocimiento de las faunas del Mesozoico ha continuado progresando. Las contradicciones aparecieron ya con los primeros hallazgos de la segunda mitad del siglo XIX, en unos momentos en que el pensamiento evolutivo estaba fuertemente impregnado de la idea de progreso unidireccional.

El descubrimiento del Archaeopteryx

Como hemos visto, en *El origen de las especies* Darwin no pudo ofrecer un panorama especialmente alentador en lo que hace al reconocimiento de formas de transición en el registro fósil. Existe, sin embargo, una primera excepción que, por su significación, va a jugar un importante papel en el progresivo cambio de actitud de los paleontólogos europeos y americanos hacia la teoría de la evolución. Se trata del hallazgo de *Archaeopteryx,* la primera ave conocida del Mesozoico, cuyo descubrimiento, producido poco después de la publicación de *El origen de las especies,* fue incluido por Darwin en las siguientes ediciones. El primer hallazgo, consistente en la impresión de una pluma procedente de las calizas jurásicas de Solenhofen, fue realizado por Hermann von Meyer en 1860. Por aquel entonces, la idea de que las aves hubiesen existido ya en el Mesozoico era un dato absolutamente sorprendente. La polémica en torno a estas impresiones se desató plenamente cuando, al año siguiente, Meyer encontró, en la misma localidad, una placa que contenía parte de un esqueleto e impresiones inequívocas de plumas. Aparentemente, sólo el cráneo y algunas otras piezas esqueléticas faltaban en este ejemplar. Von Meyer, comprendiendo la trascendencia del hallazgo, trató de comprar al dueño de la cantera la placa que contenía el esqueleto de *Archaopteryx,* pero llegó tarde: un médico local, Karl Häberlein, se le había adelantado. Häberlein pretendió jugar al ratón y al gato con los paleontólogos alemanes, subastando la pieza a precios desorbitados. Esta táctica, sin embargo, no le sirvió de mucho, pues pronto los especialistas se desentendieron del tema, argumentando que probablemente se tratase de una falsificación. Al comprobar cómo empezaban a fallarle los posibles compradores, Häberlein vendió finalmente la pieza al Museo Británico, mientras en Alemania todavía se discutía la validez del hallazgo. Dieciséis años más tarde, en 1877, el propietario de una cantera cerca de Eichstätt tuvo en sus manos un nuevo especimen de *Archaeopteryx,* todavía más completo que el anterior, pues en este caso la cabeza aparecía perfectamente conservada. Sin embargo, este nuevo ejemplar fue a parar a las manos del hijo de Häberlein (aquél ya había muerto), quien anunció que sólo cedería la placa por la entonces exorbitante cifra de 36.000 marcos de oro. Finalmente, y tras muchas vicisitudes, la pieza acabó en el Museo Mineralógico de Berlín.

Las características anatómicas de *Archaeopteryx* eran sorprendentes, por lo que no es de extrañar que algunos autores considerasen la posibilidad de una falsificación (al menos en lo que respecta a las impresiones de las plumas). Para empezar, se trataba inequívocamente de un ave, ya que además de las plumas, algunos caracteres como la presencia de fúrcula o la forma de la cadera anunciaban directamente a este grupo. Sin embargo, el resto del esqueleto era netamente reptiliano: cráneo con dientes, cola con veinte vértebras libres, costillas sencillas, dedos del brazo y del pie libres y otros más. Según este análisis, *Archaeopteryx* cuadraba perfectamente como forma de transición entre reptiles y aves, el eslabón perdido que cualquier evolucionista convencido habría predicho entre los dos grupos. Cabe preguntarse cuál habría sido la reacción de un anatomista como Cuvier ante un esqueleto completo de *Archaeopteryx*. En realidad, el debate sobre la evolución, «dormido» en el campo científico y traspasado al ámbito de la filosofía romántica tras la «victoria» de Cuvier, no hubiese podido continuar aparcado mucho más tiempo, tras hallazgos como los de Solenhofen o de Neanderthal. La publicación de *El origen de las especies* desató, en definitiva, un debate que venía gestándose desde hacía años.

En el campo darwinista, no fue Darwin, sino su fogoso colega Thomas Huxley, el que llevó el peso del contraataque contra los que todavía dudaban del carácter de «eslabón perdido» del *Archaeopteryx*. En 1870 publicó un trabajo en el que este resto era presentado como una forma extraordinariamente próxima a alguno de los pequeños dinosaurios que por aquel entonces habían aparecido también en Solenhofen. Huxley destacó concretamente las notables similitudes anatómicas que existían con un pequeño coelurosaurio, *Compsognathus,* procedente del mismo yacimiento. Pronto, nuevos hallazgos de pequeños dinosaurios con aspecto de ave fueron surgiendo de la mano de los paleontólogos americanos Cope y Marsh *(Ornitosuchus, Strutiomimus* y otros) y contribuyeron a reforzar la idea de una relación ancestro-descendiente entre dinosaurios y aves. Se estaba atacando a la reacción fijista en su mismo corazón, no en vano un creacionista como Owen fue el descubridor de los primeros dinosaurios y el primer paleontólogo que pudo analizar con detalle el ejemplar de *Archaeopteryx* del Museo Británico. Ahora bien, aunque *Archaeopteryx* constituyó una contribución decisiva para la aceptación de la evolución, en tanto que «eslabón perdido» o «forma intermedia» añadió un nuevo desafío a la interpretación darwinista de la adaptación, el de explicar el origen del vuelo en las aves.

El vuelo es una capacidad ampliamente extendida en otros vertebrados como los mismos reptiles o los mamíferos. Entre los primeros, la existencia de reptiles voladores fósiles, los pterosaurios, era conocida aún antes del descubrimiento de *Archaeopteryx*. Se trataba de formas de talla variable (desde unos pocos centímetros hasta varios metros) que, con una nada despreciable diversidad, aparecían en las mismas calizas litográficas de Solenhofen. Tanto entre los mamíferos (representados por los quirópteros, el grupo que reúne a los murciélagos y afines) como en los pterosaurios, la consecución de un esqueleto adaptado al vuelo puede ser imaginado a través de una serie de estadios intermedios. Así, ambos grupos se caracterizan por haber desarrollado un patagio, es decir, una membrana que es utilizada para el vuelo activo. Inicialmente, en algunas formas planeadoras como las ardillas voladoras o los dermópteros, esta membrana se desarrolla entre los miembros anteriores y los posteriores, permitiendo el mencionado planeo entre árbol y árbol. En algunos, este patagio se desarrolla también entre los dedos de las manos, a modo de membrana interdigital. En quirópteros y pterosaurios las falanges de algunos dedos se alargaron extraordinariamente, por lo que las respectivas membranas interdigitales se transformaron en auténticas alas capacitadas para desarrollar un vuelo activo y no simplemente para el planeo. Por lo demás, no es difícil imaginar tal proceso como un fenómeno de evolución gradual, a través de una sucesión de formas dotadas de falanges cada vez más largas. La aparición de vertebrados voladores como los pterosaurios o los murciélagos no representaba, pues, ningún problema para la incipiente teoría evolutiva. Sin embargo, explicar el origen de la capacidad de vuelo en las aves supuso un problema más arduo.

Las aves, a diferencia de los otros vertebrados voladores, no han alargado sus extremidades anteriores ni desarrollado un patagio entre ellas. Por el contrario, en este grupo las falanges de los miembros anteriores han tendido a reducirse extraordinariamente, a la vez que se desarrollaba un nuevo tipo de estructura, el plumaje. Desde esta perspectiva *Archaeopteryx,* pese a todos sus caracteres reptilianos, es ya un ave en sentido estricto. El problema se planteó a un nivel inferior, es decir, a nivel del hipotético eslabón entre *Archaeopteryx* y los pequeños dinosaurios

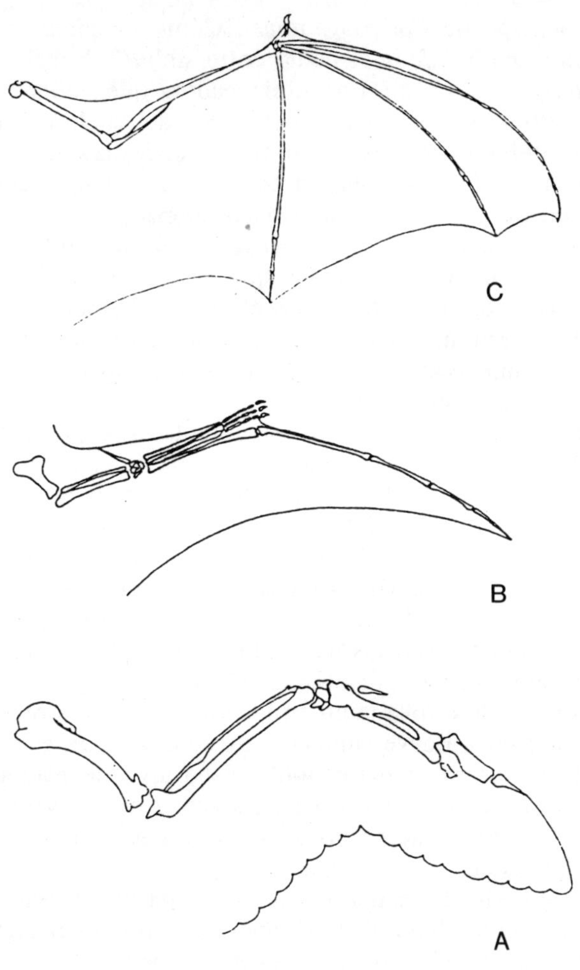

Figura 7. La aparición de las alas en las aves ha seguido una ruta anatómica diferente a la de otros vertebrados voladores. En pterosaurios (B) y murciélagos (C), se produce una prolongación de las falanges de algunos dedos. Por el contrario, en las aves (A) se produce una reducción de estos elementos (modificado a partir de Hill y Smith).

bípedos del tipo de *Compsognathus*. ¿Cómo imaginar entonces un tipo *funcionalmente* intermedio entre ambos? Probablemente *Archaeopteryx* era ya una forma planeadora que podía desarrollar un vuelo imperfecto. Pero si el origen del vuelo en las aves se inició también a través de formas intermedias planeadoras, ¿por qué éstas no desarrollaron también un patagio, como ha ocurrido en todos los vertebrados planeadores?, ¿por qué, por el contrario, los antecesores de *Archaeopteryx* desarrollaron una estructura alternativa, el plumaje, que en sus primeros estadios debió resultar notoriamente menos eficaz que el mencionado patagio? Atendiendo al desarrollo de la capacidad para planear, ¿de qué le hubiese servido a un pequeño dinosaurio bípedo un recubrimiento de incipiente plumón?

Durante años, diversas hipótesis intentaron explicar el tránsito de las primeras aves desde la tierra al medio aéreo o arbóreo, en lo que podría considerarse como una versión invertida del proclamado paso de los árboles a la tierra firme por parte de los primeros homínidos. Una de estas primeras hipótesis fue emitida por Othniel C. Marsh y desarrollada posteriormente por C.W. Beebe, en 1915. Tal modelo supone que *Archaeopteryx* descendía de pequeños saurios planeadores que habrían desarrollado un patagio formado por plumas. Como el patagio es una estructura que se desarrolla tanto en los miembros anteriores como en los posteriores, Beeve supuso la existencia de un estadio anterior «Tetrapteryx», con un doble dispositivo de planeo, uno en posición anterior, precursor de las actuales alas, y otro posterior, en una zona que en las actuales aves está desprovista de plumaje funcional.

Una hipótesis alternativa fue desarrollada por el paleontólogo húngaro Ferenc Nopcsa, y reelaborada con nuevos argumentos en 1923. Se basaba en las notables semejanzas existentes en el esqueleto locomotor entre los pequeños dinosaurios corredores como *Compsognathus* y las aves primitivas. Nopcsa hizo notar que todas las aves, incluido *Archaeopteryx,* presentan una locomoción perfectamente bípeda, al igual que sus teóricos ancestros reptilianos, sin rastros de un supuesto estadio «Tetrapteryx». La teoría de Nopcsa supone que alguna especie de pequeño reptil corredor habría llegado a planear, batiendo los miembros anteriores durante la carrera. No existiría, por tanto, un estadio arborícola en el origen de las aves.

Una tercera hipótesis fue desarrollada por H. Steiner después de un concienzudo trabajo. Este autor llegó a la conclusión de que el hipotético ancestro de las aves había adoptado la posición bípeda para saltar de rama en rama, como actualmente hacen algunos lagartos arborícolas de Australia y Nueva Guinea. Ello explicaría la disposición bípeda de los miembros posteriores y la reducción de los dedos en las extremidades anteriores: en estas formas arborícolas y saltadoras, las alas habrían actuado inicialmente como meros estabilizadores del «vuelo» entre árbol y árbol.

Como puede verse, la principal dificultad con que se encuentran todas estas teorías radica en que *Archaeopteryx* constituye un buen intermedio morfológico entre reptiles y aves, pero funcionalmente es ya plenamente un ave. Sin embargo, buena parte de los equívocos relativos al origen del vuelo en las aves han nacido de los propios supuestos darwinistas en los que se encuadró desde un principio la discusión sobre *Archaopteryx*. Concretamente, todas las explicaciones enunciadas parten del supuesto de que cualquier órgano ha sido exactamente moldeado por la selección natural para un fin determinado. Así, las distintas hipótesis han partido de la base de que los dos caracteres más definitorios de las aves, el bipedismo y la presencia de plumas, habrían aparecido desde un principio como adaptaciones al vuelo. Sin embargo, la discusión sobre el bipedismo que desarrollan tanto Nopcsa como Steiner omite el detalle importante de que este bipedismo perfecto se encuentra ya en los probables antecesores de las aves. Estas últimas podrían haber recibido este carácter en herencia, sin que estuviera necesariamente ligado al desarrollo del vuelo.

Por lo que hace a las plumas, el hecho de que en la actualidad sea un carácter tan íntimamente ligado al vuelo ha enmascarado durante décadas una línea de argumentación alternativa. Para Darwin o Huxley era fundamental demostrar, en el contexto del evolucionismo primitivo, que todos los órganos habían aparecido para una función determinada. Un órgano gratuito era un desafío difícilmente superable para la teoría de la selección natural. Darwin fue especialmente sensible a este tema y dedicó varios años de su vida a resolver el problema de la polinización de las orquídeas, cuyas flores parecían desarrollar este tipo de «patrón gratuito». Afortunadamente para él y para la ciencia de su tiempo, su estudio sobre las orquídeas constituye un modelo de explicación desde la perspectiva de la selección natural. En este contexto, las plumas de *Archaeopteryx* habían nacido, obviamente, para permitir el vuelo. Pero en su estudio sobre las orquídeas Darwin introduce una nueva perspectiva en la relación órgano-función. Así, determinados órganos en las flores de estas plantas han variado su función original, para adoptar una morfología que tiende a facilitar su fecundación por parte de los insectos voladores. Así pues, un órgano que hubiese evolucionado originariamente para una función determinada, podría haber modificado esta función en el curso del tiempo ante un cambio en las circunstancias ambientales. Aparentemente, esta simple solución, que como vemos Darwin tenía ya presente, no fue nunca aplicada en el caso de *Archaeopteryx*. Las plumas o algo parecido a ellas podrían haber aparecido para desempeñar una función distinta a la de volar. Pero si el plumaje no surgió en un principio como adaptación al vuelo, ¿para qué pudo servir?

La posición de los dinosaurios

Para cualquier biólogo, la respuesta a la pregunta anterior es obvia: la función de las plumas en las aves, aparte de permitir el vuelo, es la de contribuir a la endotermia de este grupo (algo parecido a la función del pelo en los mamíferos). Clásicamente, la endotermia se ha asociado en las aves al elevado metabolismo necesario para mantener el vuelo. Ahora bien, si la estructura precursora del plumaje apareció en los antecesores de las aves para mantener una temperatura corporal constante, el vuelo podría haber sido una función secundaria, sobreimpuesta en algunas formas arborícolas a su principal función fisiológica. De esta manera, el peculiar camino seguido por las aves en su dominio del espacio aéreo hallaría una cómoda solución. No existe un intermedio morfológico semivolador que gradualmente desarrollase plumas para sus incipientes paseos de rama en rama: el animal que se subió a los árboles era ya una forma endoterma recubierta de plumón.

Esta conclusión, relativamente clara en la actualidad, no llegó a ser entrevista por los primeros estudiosos de las faunas del

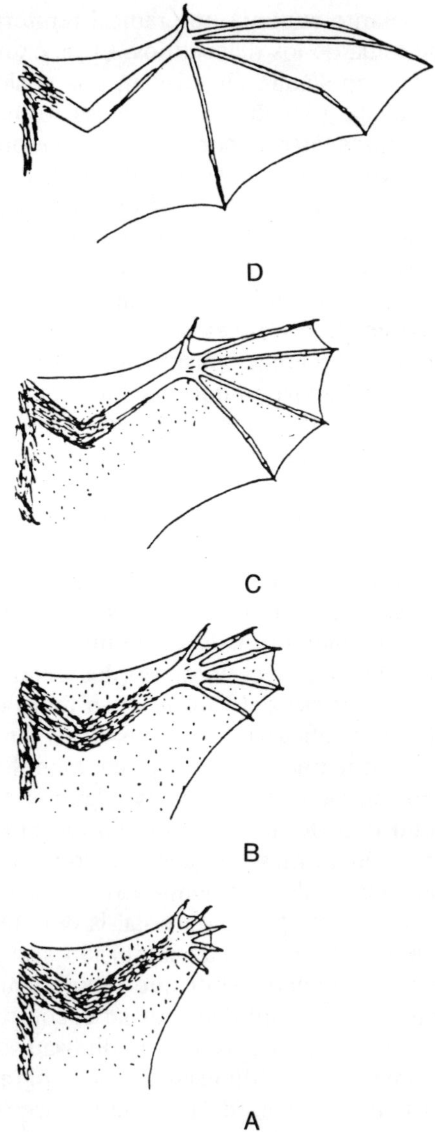

Figura 8. La evolución desde una forma planeadora con patagio (A) hasta el ala de un murciélago (D) es fácilmente conjeturable a través de un proceso de evolución gradual (modificado a partir de Smith).

Mesozoico, por cuanto suponía una radical reinterpretación del concepto que se tenía de los dinosaurios. Estos eran vistos como formas puramente reptilianas, situadas en una posición intermedia en el curso de la gran marcha hacia las formas superiores de vertebrados, representados por las clases endotermas de los mamíferos y las aves. Los reptiles actuales son, en general, formas de talla reducida y pautas de comportamiento muy simples. Desde nuestra perspectiva de mamíferos erectos, un dinosaurio de veinte metros es, ciertamente, algo paradójico y, como tal, monstruoso. Además, su carácter reptiliano provoca un rechazo natural en el marco de las raíces semíticas de nuestra cultura. Desde el Génesis, los reptiles constituyen el símbolo del pecado. El adjetivo «antediluviano» que los diluvistas aplicaron a las faunas fósiles encaja perfectamente en este caso. Los dinosaurios nos hablan de un mundo pagano e impuro, sin cabida en la operación protoecologista de Noé.

Condenados así por la furia de Yahvé, la concepción del mundo de la revolución industrial no les depararía mejor suerte. En efecto, los dinosaurios se convirtieron en el símbolo de una estructura caduca, monumental en sus dimensiones pero, por lo mismo, torpe y anquilosada, de minúsculo cerebro e ineficaz en sus maniobras. Por el contrario, los pequeños mamíferos constituían la promesa del futuro, el símbolo de la astucia, de la habilidad y de la eficacia. Los dinosaurios tampoco podían tener cabida en el dinámico mundo de los mamíferos.

Sin embargo, en tiempos recientes, algunos autores como Bakker, Desmond o de Riqulès han emitido la hipótesis de que éstos fueron también formas endotermas, con un metabolismo mucho más parecido al de los mamíferos que no al de los actuales reptiles. Desde este punto de vista, la endotermia de aves y pterosaurios no sería un carácter adquirido secundariamente, derivado del elevado metabolismo que requiere un organismo volador, sino un carácter primitivo, que se encontraría ya en los antepasados de ambos grupos (y de los dinosaurios). Otros argumentos en apoyo de «los dinosaurios de sangre caliente» se basan en la estructura interna de los huesos largos, el cociente depredador / presa observado en los lechos fosilíferos del Cretácico de Norteamérica o en la velocidad de desarrollo supuesta para las crías de estos tetrápodos. Sin llegar a la afirmación taxativa de que todos los dinosaurios fueron organismos dotados de un metabolismo típicamente endotermo, no se puede dejar de reconocer que algunas características anatómicas parecen responder a laxos mecanismos de regulación de la temperatura corporal. Tal es el caso, por ejemplo, de las espinas dorsales que se observan en los géneros *Ouranosaurus* y *Spinosaurus,* o de las placas de *Stegosaurus,* interpretadas como auténticas «placas solares». Otro tanto cabría decir del extraordinario volumen alcanzado por muchos saurópodos y de sus consiguientes acúmulos de grasa, una adaptación tendente a minimizar la pérdida de calor en caso de descenso de la temperatura ambiental. Y queda, finalmente, el caso de los pequeños dinosaurios. Si éstos, como parece evidente a partir de su anatomía funcional, fueron en realidad pequeños bípedos activos, su escaso volumen, con una gran superficie relativa, habría constituido una grave desventaja metabólica y una fuente de disipación de energía. Sin los grandes acúmulos de grasa de los saurópodos ni las estructuras termorreguladoras de otros dinosaurios sólo un tipo de estructura dérmica habría hecho de ellos formas funcionalmente eficientes: el pelo o algo parecido a ello (tal vez el precursor de las plumas). El camino hacia *Archaeopteryx* queda abierto...

Desde esta perspectiva, el Mesozoico pierde su carácter de «edad media» de la naturaleza, una especie de antesala del reino de los mamíferos. Los dinosaurios fueron organismos perfectamente adaptados a su entorno. Durante 150 millones de años de radiación evolutiva dieron lugar a una extraordinaria diversidad de formas, algunas de las cuales alcanzaron pautas de comportamiento complejas. Nuestro concepto de ellos, pues, ha de ser profundamente revisado.

8
Los dinosaurios: el origen del mito

> El mundo pertenecía entonces a los reptiles,
> monstruos disformes que reinaban cual sobera-
> nos absolutos en los mares jurásicos. La natura-
> leza les había dotado de la organización más com-
> pleta. ¡Qué estructura tan gigantesca! ¡Qué fuerza
> tan prodigiosa! Los actuales aligatores o cocodri-
> los, hoy los saurios más grandes y temibles, no
> son otra cosa sino raquíticas reducciones de sus
> antepasados de las primeras edades
>
> J. Verne, *Viaje al centro de la Tierra*

No cabe duda que si los paleontólogos del mundo tuviesen algún día que elegir una mascota, un símbolo que los diferenciase popularmente de otros colectivos (por ejemplo, de los arqueólogos o de los antropólogos), tal imagen sería precisamente la de un dinosaurio. Difícilmente otro tema paleontológico —si se exceptúa, tal vez, el del origen del hombre— ha llegado a alcanzar mayores cotas de receptividad social y cultural. Elementos imprescindibles de la actual cultura de masas, los dinosaurios pueblan hoy nuestro entorno hasta los más recónditos rincones. Desde las portadas de revistas como *Time* o *Der Spiegel* hasta las iconografías fantásticas de un Grant o un Frazetta, nada escapa a nuestra inconfesable fascinación por los dinosaurios.

En realidad, ello fue así ya desde un principio. En una fecha tan temprana como 1854, cinco años antes de la publicación de *El origen de las especies* de Darwin, se inauguraba en los jardines del Crystal Palace de Londres una muestra de reproducciones a tamaño natural de los pocos géneros hasta entonces conocidos de este grupo de vertebrados. Las esculturas eran obra de B.W. Hawkin, quien había seguido fielmente las indicaciones del primer (en todos los sentidos) especialista en el tema, el anatomista inglés R. Owen (creador asimismo del término «dinosaurio»). Hoy en día, las reproducciones de Hawkin nos provocan una sonrisa indulgente: *Iguanodon* es idealizado como una especie de iguana gigante con un cuerno en el hocico, en tanto que *Megalosaurus* tiene el aspecto de un gigantesco cocodrilo. Sin embargo, en su época, estas reproducciones causaron una profun-

Figura 9. Combate entre *Iguanodon* y Megalosaurus, tal como los imaginó E. Riou para la obra de Louis Figuier y W.F.A. Zimmermann, *El mundo antes de la creación del hombre*, Muntaner y Simón, Barcelona, 1880. De acuerdo con las ideas de R. Owen, ambos son reconstruidos a la manera de gigantescos lagartos.

da impresión en el público, que, por primera vez, entraba en contacto con un mundo irreal y sorprendente. Los dinosaurios, con sus enormes dimensiones y su imponente aspecto, recreaban la figura del dragón medieval en una época en que la imaginación romántica volvía su mirada a un pasado mítico plagado de *fafners*. Pero existía una diferencia sustancial entre el *fafner* wagneriano y el *Iguanodon* de Owen: los dinosaurios habían sido seres reales que habían poblado la Tierra en un pasado remoto.

Los dinosaurios en la novela decimonónica de aventuras

No es de extrañar, pues, que los grandes tetrápodos del Mesozoico se convirtieran pronto en objeto literario. Así, en 1864, Julio Verne publica su conocida novela *Viaje al centro de la Tierra*. Este relato narra las peripecias de un geólogo maniático, el profesor Otto Lidenbrock, quien, acompañado de su sobrino y de un guía islandés, pretende llegar nada menos que al centro geométrico del globo siguiendo las indicaciones de un manuscrito. Después de un accidentado trayecto, el profesor Lidenbrock se encuentra en el corazón de la Tierra con un inmenso océano primordial, que se dispone a cruzar en balsa. A mitad del recorrido, la balsa es sorprendida por la aparición de dos de los gigantes marinos del Mesozoico, un ictiosaurio y un plesiosaurio. El primero es descrito como un monstruo con cabeza de lagarto, hocico de marsopa y dientes de cocodrilo. Esta descripción se corresponde con las primeras reconstrucciones que se hicieron de los ictiosaurios, en las que la morfología francamente hidrodinámica de estos organismos no es puesta todavía de manifiesto. Los ictiosaurios eran entonces concebidos más como grandes lagartos marinos que como reptiles convergentes con peces y cetáceos. Todavía más curiosa es la descripción que Verne hace del plesiosaurio: «El plesiosaurio, serpiente de cuerpo cilíndrico, tiene la cola corta y las patas dispuestas en remo. Su cuerpo está enteramente cubierto por una concha *[sic]* y su cuello flexible como el de un cisne sobresale treinta pies sobre la superficie del agua».

Aunque este bautismo de fuego literario no se refiera estrictamente a auténticos dinosaurios, la novela de Verne traduce exactamente una cierta concepción romántica de los grandes saurios del Mesozoico, la cual queda claramente plasmada en la siguiente escena, cuando ambos reptiles se enzarzan en un combate que es descrito con tintes wagnerianos:

«Los dos animales se acometen con una furia indescriptible levantando montañas líquidas que refluyen hasta la balsa y nos exponen continuamente a zozobrar. Se oyen silbidos de una intensidad prodigiosa. Los dos colosos están enlazados, sin que pueda distinguirse uno de otro. Todo es de temer de la rabia del vencedor. Pasa una hora, dos. La lucha continúa con el mismo encarnizamiento».

En realidad, *Viaje al centro de la Tierra* nace y se desarrolla a partir de una metáfora de profundas raíces paleontológicas. Puesto que los fósiles se encuentran preservados en el interior de la Tierra y puesto que, cuanto más se ahonda en aquélla, más antiguos son los restos que salen a la luz, ¿por qué no imaginar que en el centro de la Tierra, precisamente, se haya preservado la fauna y flora que un día anduvo en su superficie antes de la última gran catástrofe? Por lo demás, cabe mencionar que Verne, al final de la novela, tercia en la polémica sobre la existencia del hombre fósil (que Cuvier había negado), haciendo que Lidenbrock descubra un cráneo humano asociado a una curiosa fauna de mastodontes y megaterios:

«Señores, tengo el honor de presentaros un hombre de la era cuaternaria: célebres sabios han negado su existencia; otros no menos notables la han confirmado. Si el santo Tomás de la paleontología estuviese aquí, podría tocarle con el dedo y fuérale forzoso reconocer su error».

No hace falta decir que el «santo Tomás de la paleontología» que se menciona en este texto es el propio Cuvier. El mismo Verne le cita explícitamente algo después: «sé también que Cuvier y Blumenbach han reconocido en estas osamentas simples huesos de mamut y otros animales de la era cuaternaria; ¡pero aquí la duda sólo sería una injuria a la ciencia! Ahí está el cadáver; ¡podéis verle y tocarle!». Pero Verne va más allá y, en apoyo del hombre fósil, llega incluso a resucitarlo bajo la forma de un gigante de más de seis metros de altura: «Aquél ya no era el ser fósil cuyo cadáver habíamos levantado en el osario; era un gigante capaz de dominar a los monstruos que lo rodeaban; su talla excedía de doce pies; su cabeza, tan grande como la de un búfalo, desaparecía en la espesura de unas enmarañadas guedejas; hubiérase dicho que era una verdadera crin, parecida a la de un elefante de las primeras edades».

Al atribuir a los representantes de la humanidad primitiva unas dimensiones muy superiores a las del hombre actual, Verne no hace sino recrear el mito del gigantismo original de los primeros seres, mito que la incipiente paleontología, con su cohorte de dinosaurios, megaterios y mastodontes, no hacía sino confirmar. En fin, *Viaje al centro de la Tierra* culmina con el regreso a la superficie de los expedicionarios, nada menos que a través de la chimenea del volcán Stromboli.

Después de Verne, los «reptiles antediluvianos» volvieron a aparecer en novelas de temática similar aunque de diferente sesgo. Tal es el caso del ciclo sobre el reino subterráneo de Pellucidar, que se inicia con *At the Earth Core,* a cargo de Edgar Rice Burroughs (más conocido por otra de sus creaciones, Tarzán). Burroughs escribió otra novela sobre el tema, *La tierra olvidada por el tiempo (The Land that the Time forgot)* precursora de *El mundo perdido (The Lost World)* de Conan Doyle. Curiosamente, el gran continuador de Verne y Burroughs en el terreno de la ciencia-ficción, H.G. Wells, no dedicó ninguna de sus obras a este asunto, a pesar de que en su primera novela, *The Time machine,* describe un viaje a través de la dimensión temporal (en realidad, Wells aparece en todas sus obras mucho más interesado por el futuro que por el pasado).

El tema de un supuesto contacto del hombre con los dinosaurios volverá a convertirse en tópico literario de la mano de la novela de aventuras *El mundo perdido.* Esta obra de Sir Arthur Conan Doyle, el creador de Sherlock Holmes, ejemplifica mejor que ninguna otra el tema de la pervivencia de los dinosaurios hasta nuestros días y ha sido el modelo sobre el que se han inspirado todas las recreaciones posteriores. La novela narra las aventuras del estrafalario e iracundo profesor Challenger, quien, acompañado por otro zoólogo rival, cazador y periodista, trata de demostrar la persistencia de dinosaurios y otras formas extintas en una meseta de la región amazónica. Tal supervivencia es razonada por el profesor Challenger en virtud del

Figura 10. Combate entre un ictiosaurio y un plesiosaurio, tal como lo imaginara J. Verne en su obra *Viaje al centro de la Tierra* (según E. Riou).

aislamiento a que se vio sometida la fauna de la citada meseta, sin contacto posible con el mundo circundante. Pese a las múltiples dificultades por las que atraviesa el grupo, la expedición culmina con éxito y logran regresar con diversas evidencias sobre la fauna de la meseta. Conan Doyle ironiza a lo largo de todo el relato sobre las disputas paleontológicas y sobre los grandes debates científicos del siglo XIX, como el que enfrentara a T.H. Huxley y al obispo Wilberforce con motivo del evolucionismo. El punto culminante, en este sentido, es el momento final en el que Challenger, frente a la negativa del profesor Illingwood a aceptar sus pruebas, suelta a un pterodáctilo vivo en medio de la sala de conferencias:

«El profesor Challenger alzó sus manos para tranquilizar al público; pero todo aquel revuelo asustó al animal mismo que tenía al lado. Súbitamente se desenrolló el mantón, se extendió y se agitó en el aire convertido en un par de alas como de cuero. Challenger se agarró a sus patas; pero ya era demasiado tarde para sujetarlo. Había saltado de su percha y volaba trazando círculos alrededor de la sala de Queen's Hall con su aleteo seco, correoso, de sus alas de diez pies, mientras invadía toda la sala una hediondez penetrante y pegajosa. Los gritos del público que ocupaba las galerías, al que alarmó la proximidad de aquellos ojos brillantes y de aquel pico asesino, excitaron al pajarraco hasta el frenesí».

De los dinosaurios herbívoros la novela ofrece una curiosa interpretación «mamiferista», en cierto modo precursora de las ideas de Bakker y otros sobre las pautas conductuales de estos organismos. Así, al inicio de la narración, Conan Doyle da cuenta del encuentro de los expedicionarios con una familia de cinco iguanodontes, de los que ofrece una descripción detallada: piel de color pizarroso, escamas como de lagarto, colas anchas y potentes, enormes pies traseros de tres dedos, en contraste con unas pequeñas extremidades anteriores, dotadas de cinco dedos. Pese a esta descripción reptiliana, el rebaño muestra unas pautas de comportamiento semejantes a las de los mamíferos, paciendo al sol mientras las crías «jugueteaban alrededor de sus padres haciendo piruetas desgarbadas, porque saltaban hacia lo alto y caían a tierra con golpes apagados».

Los grandes carnosaurios están también presentes en *El mundo perdido,* aunque aquí son descritos como «sapos horrendos» cuya talla excedía la del elefante más corpulento. Como en el caso de los pequeños iguanodontes, Conan Doyle atribuye a los dinosaurios carnívoros un modo de locomoción a saltos:

«De pronto salió de la oscuridad una gran sombra negra, plantándose de un salto en medio del claror de la luna. He dicho que se plantó de un salto, porque aquel animal avanzaba como un canguro, saltando en posición erecta sobre sus formidables patas traseras y manteniendo dobladas las patas delanteras».

Esta visión de los dinosaurios bípedos a la manera de canguros gigantes la toma prestada Conan Doyle de Cope, uno de los primeros en percatarse que *Megalosaurus* y otras formas carnívoras eran en realidad bípedos (y no cuadrúpedos, como creyera Owen). A falta de datos más fiables sobre la biomecánica de estos reptiles, la hipótesis de un modo de locomoción a saltos, como en los canguros, parecía tan plausible como cualquier otra.

Como ocurriera en la novela de Verne, de nuevo en esta obra el tema de la persistencia de los dinosaurios aparece finalmente ligado al del eslabón perdido, esta vez bajo la forma de unos agresivos hombres-mono de dudosa clasificación. Sólo que, en este caso, Conan Doyle va más allá que el escritor francés y Challenger y sus compañeros llegan a librar una auténtica batalla con lo pitecántropos. En fin, *El mundo perdido* marca un hito dentro de la narrativa sobre «mundos prehistóricos», por cuanto establece la estructura básica que, de una u otra forma, irá repitiéndose en este tipo de relatos. Este diseño básico se estructura en torno a los siguientes elementos:

1. Reclamo: El reclamo se produce siempre a través de un precursor, quien suele dejar un manuscrito (Verne), unos dibujos (Conan Doyle) o un mapa indicando la localización del correspondiente «mundo perdido».

2. Viaje: Este constituye uno de los elementos centrales del relato. El citado viaje tiene normalmente una significación bastante más profunda que la puramente geográfica. En efecto, a la dimensión espacial del viaje se une una dimensión temporal: no se trata sólo de un viaje a un lugar lejano, sino que constituye un auténtico viaje en el tiempo o, más exactamente, un viaje al pasado. Un pasado no completamente ajeno a la propia realidad de los expedicionarios sino, por el contrario, estrechamente ligado a su propia genealogía como especie. En este sentido, el viaje a un mundo del pasado (representado por los dinosaurios) se convierte en un *viaje a las fuentes,* en un viaje a la realidad primordial. De ahí la obligada referencia a los «eslabones perdidos» que inevitablemente pueblan estos relatos.

3. Contacto: El contacto con el mundo del pasado suele ser siempre traumático. Sin embargo, la superioridad del hombre civilizado se impone finalmente, bien sea haciendo gala de su superior grado de inteligencia, bien sea utilizando los pertrechos que la técnica pone a su alcance (lo cual viene a significar lo mismo).

4. Regreso: Esta fase del relato, sin demasiada importancia en la novela de Verne, adquiere gran relevancia con Conan Doyle y en todas las narraciones posteriores. Como ya hemos indicado, Challenger no vuelve sólo de su viaje al pasado. Se trae consigo un *testimonio* del mundo perdido, una cría de pterodáctilo que causa un enorme revuelo en Londres. Esta innovación de Conan Doyle es importante. Anteriormente, el contacto se había producido siempre en el «mundo perdido», a cargo de una minoría selecta, únicos testigos de la supervivencia de ese mundo. Challenger obra el milagro y abre la vía para que los monstruos del pasado, penetrando en el propio corazón de la civilización, vaguen por *la ciudad.* El viaje se convierte entonces en un trayecto de ida y vuelta, del presente al pasado y, subversivamente, del pasado al presente.

El auge de los pseudorrelatos divulgativos

Aun cuando no pueden establecerse vínculos genéticos entre ambos campos, la novela de aventuras decimonónica tuvo una insospechada secuela en el terreno de la divulgación paleontológica. En efecto, es posible comprobar cómo frecuentemente la divulgación en paleontología se ha canalizado a través de esquemas narrativos que convergen con los de la novela fantástica. Las raíces de esta convergencia hay que buscarlas en su propio origen, a saber, el racionalismo ilustrado de finales del siglo XIX, que veía en la ciencia un instrumento de educación y progreso social. Este aspecto es especialmente evidente en Verne, con sus minuciosas descripciones de las grandes expediciones científicas que se producen en ese siglo, pero de alguna manera impregna también las obras de H.G. Wells, Conan Doyle o H. Rider Haggard (en este último caso, en relación con la arqueología). Los primeros textos de divulgación participan también de esta concepción progresista y revolucionaria de la ciencia, alguno de cuyos autores, como Camille Flammarion, frecuentaron también el relato fantástico. Como consecuencia, parte de los recursos semánticos utilizados por los autores de novelas de aventuras reaparecieron asimismo en los textos de divulgación paleontológica, convertidos de esta manera en pseudorrelatos.

Ahora bien, la operación que conlleva la traducción de «los conocimientos científicos» al lenguaje cotidiano corresponde a un auténtico proceso de interpretación. En cuanto tales, como vamos a ver en el caso de los dinosaurios, los textos de divulgación no comportan una simple traslación «ingenua» de los resultados de una investigación. Por el contrario, el texto de divulgación conlleva frecuentemente una deformación interesada de los enunciados científicos.

Las diferencias entre ambos tipos de texto empiezan ya en el plano descriptivo. El carácter puramente denotativo de las descripciones paleontológicas, con toda su secuela de términos especializados, es superado en el terreno de la divulgación mediante la utilización de referentes cotidianos. Estos referentes pueden utilizarse tanto en el campo de las dimensiones («era más alto que una casa de tres pisos») como en el de las formas. En este último caso, suele recurrirse a los elementos faunísticos conocidos del entorno (como cuando Verne describe al plesiosaurio como una serpiente con concha, o como cuando Conan Doyle compara el modo de locomoción de *Megalosaurus* al de un canguro). A veces, sin embargo, se requiere la combinación de varios de ellos para dar una idea aproximada de lo que se quiere expresar (como cuando Verne describe al *Ichtiosaurus* como un monstruo con cabeza de lagarto, hocico de marsopa y dientes de cocodrilo).

Por lo demás, los elementos narrativos, ausentes de los textos paleontológicos, forman una parte muy importante del texto de divulgación, que muchas veces adquiere un auténtico carácter de relato. En ellos, el dinosaurio deja de ser un elemento meramente observado y descrito, y se convierte en un sujeto activo. Así, se nos comenta que el *Tyrannosaurus* mataba y despedazaba a los torpes *Diplodocus,* que el *Parasaurolophus* corría hacia el agua cuando se sentía en peligro o que el *Iguanodon* se alimentaba de tallos frescos que recogía con sus extremidades anteriores. En este tipo de pseudorrelatos, además, el tipo de acción realizada por el sujeto «dinosaurio» conlleva frecuentemente juicios de valor de carácter más o menos moral: *Tyrannosaururs* es feroz y sanguinario, *Diplodocus* era pacífico y tranquilo, en tanto que los pequeños bípedos como *Ornithomimus* son pintados como astutos e inofensivos. Así mismo, las relaciones entre las distintas especies son tratadas en términos individuales y de nuevo con connotaciones antropomórficas: por ejemplo, *Tyrannosaurus* y *Triceratops* son presentados como «enemigos irreconciliables». El pseudorrelato de divulgación adquiere, finalmente, el carácter de fábula.

No obstante, al hacer hincapié en las acciones individuales de algunos dinosaurios, se tiene la impresión de que la evolución depende de la «voluntad» de los individuos y no de la dinámica de las poblaciones (un punto de vista que tiene innegables connotaciones lamarckianas). Son las ansias depredadoras de *Tyrannosaurus,* la capacidad natatoria de *Diplodocus* o la habilidad corredora de *Struthiomimus* las que hacen que estos organismos sobrevivan o se modifiquen. Es finalmente la actividad del individuo la que determina el curso de la evolución de la especie (como hemos visto en el parágrafo anterior, este equívoco se encuentra también en aquellos relatos de ciencia-ficción que plantean la supervivencia de una especie del pasado a través de la supervivencia de *un único individuo aislado).* Así, un fondo lamarckista, predarwiniano, subyace en general en este tipo de textos.

Dinosaurios y cultura de masas

La riqueza visual de novelas como *El mundo perdido* hacía presagiar su pronta traducción a cualquiera de los medios de comunicación de masas que, como el cine, iniciaban a principios del siglo XX su andadura. En 1925 el director Harry Hoyt realizó la primera versión cinematográfica de esta novela, con efectos especiales de Willis O'Brien. No era la primera vez que los dinosaurios se convertían en objeto de ficción cinematográfica, ya que existían los precedentes de *Gertie, the dinosaur* (un filme en el que, mediante dibujos animados, se daba vida a un apatosaurio domesticado) y *The dinosaur and the misssing-link* (dirigida por el propio O'Brien en 1914). Pero nunca hasta *El mundo perdido* se había llegado a los niveles de realismo que alcanza este film. Pese a la inmadurez de los trucajes, esta producción tuvo la virtud de convertir a los dinosaurios en auténticas estrellas de la pantalla. Dos aspectos deben ser destacados de esta primera versión cinematográfica de *El mundo perdido*. En primer lugar, los guionistas no sólo no omitieron sino que, al contrario, ampliaron considerablemente el capítulo final de la obra de Conan Doyle, cuando el pterodáctilo recogido por Challenger se escapa y siembra el pánico entre la población londinense. Sólo que, en este caso, Hoyt y O'Brien sustituyeron el reptil volador de la novela por un enorme brontosaurio que, en su recorrido por las calles de la ciudad y, antes de lanzarse a las aguas del Támesis, destroza edificios, aplasta vehículos y, en general, siembra el terror entre los tranquilos transeúntes, obligados (¡ya en 1925!) a precipitarse hacia la bocas de metro.

Un segundo aspecto a destacar en esta versión cinematográfica es que, como ya ocurriera en el campo literario, el tópico del eslabón perdido vuelve a aparecer ligado al mundo de los dinosaurios. En este caso, se trata de un lánguido hombre-mono que sigue subrepticiamente a los protagonistas a lo largo de buena parte de su recorrido. Al final, el escuálido (y bastante estrafalario) antropoide contemplará, impotente, como Challenger y sus colegas logran escapar hacia la civilización.

Ya en 1925 eran evidentes las posibilidades que estos dos temas, dinosaurios y eslabón perdido, tenían en el cine. No es de extrañar, pues, que, poco menos de una década después, la conjunción de ambos diese lugar a una producción única en su género, *King-Kong. King-Kong* es, en cierto modo, la prolongación natural de *El mundo perdido,* un *lost world* ciertamente deformado y asimétrico, en el que se ha restado protagonismo al tema del mundo perdido (la meseta amazónica es convertida, muy congruentemente, en una isla del archipiélago indonesio) y en el que la intrusión de ese mundo en la realidad cotidiana ocupa un 50 por ciento de la narración.

El mono-hombre de *El mundo perdido* se ha convertido en un gigantesco antropoide, una especie de enorme gigantopiteco, cuyas connotaciones antropomórficas son, por lo demás, evidentes. King-Kong, nombre con el que los nativos de la isla conocen al primate, habita en una tierra en la que, como en «el mundo perdido», persisten estegosaurios, brontosaurios y otros reptiles mesozoicos. A diferencia de la tosca y desarbolada meseta de *El mundo perdido,* la selva que habita King-Kong, con sus pantanos y brumas, constituye una mezcla eficaz de selva del Mesozoico y bosque encantado (una combinación que destaca por sus connotaciones oníricas). En ninguna narración como en *King-Kong,* los dinosaurios y su mundo han llegado a identificarse tan plenamente con el escenario de una pesadilla, en ningún otro relato posterior su carácter mítico se ha hecho tan evidente. En este contexto, el viaje de Denham en pos de King-Kong se convierte, aquí más que nunca, en un viaje al pasado, en un viaje hacia los propios orígenes. A partir de este momento, una vez Denham y sus compañeros se han adentrado en el mundo de King-Kong, el film discurre por cauces paralelos a los de *El mundo perdido.* Atacados por un desproporcionado *Stegosaurus* y por un saurópodo carnívoro *(sic),* diezmados por el propio Kong (quien, a su vez, da cuenta de un incordiante *Pteranodon* y de un *Tyrannosaurus* que se rasca el hocico), los componentes de la expedición logran reducir al gigantesco simio mediante bombas de gas. Una vez en la metrópoli (Nueva York), King-Kong, como cabía esperar, escapa, siembra el pánico en la ciudad y es, finalmente, abatido en la cima del Empire State Building por biplanos del ejército (en un raid que se ha hecho célebre en la historia del cine).

El éxito de *King-Kong* fue inmediato y tuvo una influencia decisiva en el posterior cine con dinosaurios, pues convenció a los productores de que el tema era un filón por explotar. Ante el fracaso relativo de sus epígonos más inmediatos *(Son of Kong* y *Migthy young Joe),* que trataban el tema del gorila gigante aislándolo de su contexto original, las pantallas se vieron pobladas por saurios de todas las formas y tamaños, sucesivamente empeñados en la destrucción de ciudades y pueblos. En *The beast from 20.000 phantoms (El monstruo de los tiempos remotos)* (1953), un dinosaurio cuadrúpedo, mezcla de braquiosaurio y megalosaurio (con los miembros anteriores más largos que los posteriores y dotado de la cabeza típica de un carnosaurio, algo así como el *Megalosaurus* de Owen) es «despertado» por una explosión atómica en el ártico. Tras diversos incidentes, penetra en Coney Island (destruye edificios, devora policías, etcétera) y es finalmente abatido en un parque de atracciones con la cooperación del ejército. Esta breve sinopsis sirve para poner de manifiesto las diferencias existentes con el cine anterior y que marcarán todo el cine fantástico de posguerra. Por ejemplo, el dinosaurio (un único individuo), sobrevive aislado, como un fósil, preservado por el hielo. Ha desaparecido ya «el mundo perdido», aquel biotopo particular en el que una parcela de la vida del pasado había podido sobrevivir aislada del resto. El apéndice final de *El mundo perdido* ha devorado finalmente al resto de la narración. En segundo lugar, el monstruo es devuelto a la vida por una explosión atómica, en clara referencia metafórica a Hiroshima y las obsesiones de la guerra fría. Finalmente, tras el asalto a los baluartes de la civilización, la fiera del pasado es destruida con la ayuda del ejército (el precedente se encuentra ya en los biplanos de *King-Kong* pero no en la primera versión de *El mundo perdido:* el brontosaurio de Challenger se lanza al Támesis y se aleja pacíficamente hacia el océano).

A medida que el tópico del «monstruo-resucitado-que-destruye-la-ciudad» fue agotándose, algunas productoras trataron de retomar el tema de los dinosaurios desde una perspectiva radicalmente diferente. Esta vez se trataba de explotar el filón por el otro extremo, es decir, volver al escenario del «mundo primordial» y a la relación hombre-mono / dinosaurio. De esta manera surgieron filmes como *One million years B.C. (Hace un millón de años),* producciones en las que los guionistas, haciendo gala de una remarcable ausencia de pudor, llegan a mezclar tribus de «hombres primitivos» (aunque no tuviesen nada de «primitivos») con dinosaurios de todos los gustos. Como paleontólogos, podemos rasgarnos las vestiduras ante una concesión que reúne en el tiempo a formas separadas entre sí por unos 60 millones de años y que se presenta a veces con un pretendido toque de «reconstrucción científica» (como cuando en la propaganda de *When the dinosaurs ruled the earth [Cuando los dino-*

saurios dominaban la Tierra] se afirmaba que el lenguaje utilizado en el filme se había reconstruido meticulosamente a partir de vocablos del céltico primitivo: ¡como si los cromagnones hubiesen hablado galés!). En tanto que humanos, no podemos dejar de entrever en ello una cierta nostalgia ucrónica por no haber coincidido efectivamente con estas formidables construcciones biológicas.

Esta misma ausencia de pudor se extiende también a la propia recreación de los dinosaurios, ya que muchas productoras no han tenido el menor reparo en utilizar iguanas y otros saurios actuales, nula o levemente maquillados, haciéndolos pasar como tales. Atendiendo a la vieja idea de que un dinosaurio no es sino un lagarto muy grande, toda una cohorte de especies reptilianas vivientes han pasado a engrosar la lista de estrellas de la pantalla. Sin duda, la que se lleva la palma es la iguana común, utilizada en las dos versiones de *One milion years B.C.* y en muchas otras. En menor medida, lagartos y cocodrilos peculiarmente ornamentados han actuado también como sosias de los dinosaurios (por ejemplo, en la versión sonora de *El mundo perdido,* a cargo de Irwin Allen). Obviamente, la utilización de este tipo de recursos recoge y transmite la vieja concepción de los dinosaurios a la manera de meros lagartos gigantes.

Por otra parte, este género de relatos cinematográficos participan de una concepción catastrofista de los cambios en la Tierra ya que, al final, una gran hecatombe —erupción volcánica, terremoto, maremoto o, incluso, ¡caída de un meteorito!— determina la extinción de la «vieja fauna». Más o menos metafóricamente, ya se trate del centro de la Tierra de Verne, la meseta perdida de Conan Doyle, la isla de la Calavera en *Son of Kong* o el mundo primigenio de *One milion years B.C.,* la especie humana aparece como única superviviente de la gran catástrofe, predestinada a la colonización del «nuevo mundo». Cuvier retorna a los escenarios.

La ilustración paleobiológica

Antes y aun después de que los modernos medios de comunicación extendiesen su influencia al terreno de la paleontología, una de las vías que más ha contribuido a la difusión de los dinosaurios y a su afianzamiento como auténticos mitos de la cultura contemporánea ha sido la ilustración paleobiológica. Destacados exponentes en este campo han sido Charles R. Knight, Rudolf F. Zallinger, Zdenek Burian, Jay Matternes y otros. El trabajo de estos autores, más allá de la aséptica reproducción anatómica, desembocó en la producción de una serie de genuinas obras de arte, no siempre apreciadas como tales fuera de los círculos académicos. La peculiaridad en este caso consiste en que, a diferencia de las reconstrucciones que, por ejemplo, pueblan el arte fantástico, buena parte de las recreaciones de estos autores nacieron como encargos. Así pues, cada una de sus obras es el resultado de una fructífera confrontación entre las ideas del paleontólogo que apadrinó el trabajo y el artista que las plasmó en el lienzo. Nos encontramos, pues, ante un arte canalizado por su propia finalidad (la divulgación científica), pero dotado al mismo tiempo de considerables dosis de interpretación personal e ideológica, por cuanto numerosos aspectos de estas obras no pueden ser prefijados por baremos exclusivamente científicos. Además, en estos casos la relación entre arte y ciencia se hace cada vez más compleja, a medida que avanza la colaboración entre ilustrador e investigador. Así, una vez implicado —«especializado»— en la temática paleontológica, el primero ha tendido a documentarse seriamente sobre el objeto de su trabajo, enriqueciendo por tanto la dialéctica con su antagonista científico. Por otra parte, en muchas ocasiones la influencia del paleontólogo de turno ha ido más allá de la fría reconstrucción anatómica, reflejando también sus ideas particulares (no necesariamente correctas) sobre el modo de vida de cada especie, su entorno, su comportamiento o, incluso, sobre la propia concepción del proceso evolutivo. Ello queda reflejado, por ejemplo, en el grado de precisión cronológica o biogeográfica de la reconstrucción (que en algunos casos conlleva la convivencia de especies que jamás llegaron a coincidir en el tiempo o en el espacio), su situación en el cuadro, el número de especies a representar, el «estado de ánimo» del animal, la existencia de varios niveles de lectura, el grado de realismo de cada uno de ellos, etcétera.

A pesar de que en la actualidad buena parte de las reconstrucciones paleobiológicas tienen su origen en la edición de textos de divulgación, las primeras «obras maestras» de lo que podríamos llamar «arte paleontológico» nacieron a principios del siglo XX como elementos decorativos de las salas de diversos museos americanos. La primera iniciativa en este sentido se debió al director del Museo de Historia Natural de Nueva York, Jacob Wortman, quien, en 1894, encargó una reconstrucción del suido oligocénico *Elotherium* a un joven ilustrador que por aquel entonces se paseaba por las salas copiando esqueletos. Con esta obra, Charles R. Knight inició lo que a lo largo de cincuenta años constituiría una fructífera colaboración con eminentes figuras de la paleontología americana de la primera parte del siglo XX, tales como H.F. Osborn o C.D. Walcott. La obra de Knight es marcadamente realista, una tendencia general sólo rota recientemente por algunos ilustradores contemporáneos. Este realismo, explicable por cuanto se trata de hacer creíbles estructuras desaparecidas vinculándolas a imágenes familiares de nuestro mundo actual, no obsta para que sean perceptibles algunas particularidades propias del arte de este autor. Los escenarios de Knight recuerdan los idílicos paisajes del medio Oeste americano, con amplias praderas hueras de vegetación. En el caso de los dinosaurios, son raras las escenas dotadas de una cierta violencia (y, cuando ésta existe, suele implicar a individuos de una misma especie), de alguna manera transmitiendo la idea de que estos tetrápodos eran, con excepciones, formas poco activas dotadas de escaso psiquismo. En las obras de Knight, el trazo es deliberadamente impreciso y los tonos suelen ser pálidos, con curiosos sombreados ocres o morados que dan una impresión de luz mortecina. Los grandes herbívoros (como su *Diplodocus* de 1897 o su *Anatosaurus* de 1909) aparecen en la proximidad de plácidas playas, de acuerdo con la idea entonces predominante según la cual se trataba de formas semiacuáticas. Superdepredadores como *Allosaurus* o *Tyrannosaurus* (con rasgos iguanoides) aparecen en praderas herbáceas, en las que no se divisa ninguna otra especie (a lo sumo, algún cadáver), un escenario que probablemente se aproxima mucho más a la realidad de lo que lo hicieron algunas reconstrucciones posteriores. En fin, Charles R. Knight llegó a realizar más de 150 óleos y 800 dibujos para distintas instituciones, tales como el American Museum of Natural History, el Carnegie Museum, la Smithsonian Institution y otras, estando fechada su última obra en 1951 (dos años antes de su muerte).

Un segundo jalón en la historia del arte paleobiológico viene marcado por la obra de Rudolf F. Zallinger. En 1942 recibió el encargo de Albert E. Parr, a la sazón director del Yale Peabody Museum de Historia Natural, de decorar la gran sala central del citado museo. Zallinger era entonces un estudiante recién graduado y cuando Parr expuso el proyecto a Lewis E. York, profesor en la Yale School of Fine Arts, donde aquel había cursado estudios, su nombre salió inmediatamente a colación. Por aquel entonces, la Yale School estaba fuertemente influida por las ideas del pintor renacentista Cennino Cennini, desarrolladas en su tratado *Il libro dell'Arte*. Daniel V. Thompson, maestro de York y traductor de esta obra al inglés, había impulsado entre sus discípulos el uso de la técnica de pintura al fresco descrita por este autor renacentista. El encargo del Peabody Museum venía a colmar sus esperanzas de ver plasmadas las ideas desarrolladas en la obra de Cennini, como lo demuestra la favorable opinión que le mereció *The Age of the Reptiles* (nombre con que se conoció el mural de Zallinger): «El más importante mural desde el siglo xv».

Y, ciertamente, el resultado final, concluido en 1947, constituye una de las obras más personales de la ilustración paleobiológica. Para recrear la posición de algunas especies, Zallinger parece haberse inspirado en alguna de las obras de Knight. Así, *Apatosaurus* y *Allosaurus* aparecen prácticamente en las mismas poses que las reconstrucciones análogas de este último (plácidamente semisumergido el primero, inclinado sobre carroña el segundo). Sin embargo, estamos en las antípodas de las reconstrucciones realistas de Knight. Como ha señalado Vincent Scully, el mural de la sala central del Peabody Museum es, aparte la temática paleontológica, una obra de corte cenniniano, próxima a la pintura renacentista de un Giotto o un Masaccio. Las figuras aparecen hieráticas, casi de perfil, ignorándose mutuamente (con la única excepción del ejemplar de *Triceratops* que aparece en primer plano). Los dinosaurios de Zallinger son figuras luminosas, pesadas, que irradian luz por sí mismas, en tanto que el ambiente que las rodea (lejanos volcanes humeantes, cumbres vaporosas) pasa a un segundo plano.

Otra de las características diferenciales del mural de Zallinger consiste en que, en contraste con las reconstrucciones de Knight, esta obra presenta una clara polaridad, marcada por el eje del tiempo geológico —Devónico, Carbonífero, Pérmico, Triásico, Jurásico, Cretácico— y que sin duda ilustra una cierta concepción de la evolución de las faunas de vertebrados desde fi-

Figura 11. *The Age of the Reptiles:* la progresión de la vida en el Mesozoico según R. Zallinger. © 1966, 1975, 1985, 1989, 1991 Peabody Museum of Natural History, Yale University.

nales del Paleozoico hasta el Mesozoico (ideas transmitidas a Zalliger por sus colegas paleontólogos de Yale). De hecho, *The Age of the Reptiles* constituye una inmensa metáfora sobre la progresión de la vida hace 200 millones de años y sobre el progreso biológico en general. Así, de derecha a izquierda (es decir, desde el periodo más antiguo, el Devónico, al más reciente, el Cretácico), aumenta proporcionalmente el tamaño relativo de las distintas especies, con lo que desciende el número de formas incluidas. Con mínimas excepciones *(Plateosaurus, Allosaurus, Triceratops),* cada especie se encuentra representada por un único individuo, por lo que la diversidad específica desciende por tanto hacia la izquierda. Zallinger contrarresta este efecto «negativo», que contradice el esquema general de «progresión de la vida» de la obra, al aumentar la diversidad cromática de la fauna, que es mucho más variada en las formas del Cretácico. Sin embargo, para evitar lo que podríamos llamar «efecto Arca de Noé», es decir, una disposición lineal de las especies en lo que sería «la marcha de la vida» o «el camino de la evolución», Zallinger invierte el sentido en algunas especies: *Edaphosaurus* y *Dimetrodon* «caminan» en el mismo sentido, pero su pariente *Sphenacodon* lo hace en el inverso, *Camptosaurus* se opone a la marcha de *Plateosaurus* y *Allosaurus,* opuestos a su vez a la mayor parte de formas del Cretácico: *Tyrannosaurus, Apatosaurus, Stegosaurus* y otros.

Sin duda, *The Age of the Reptiles* es la obra más representativa de Zallinger y aquella que había de abrirle las puertas a colaboraciones posteriores con el propio Peabody Museum y con diferentes publicaciones periódicas. Así, durante años, las reconstrucciones de Knight y de Zallinger poblaron las páginas de las revistas *Life* y *National Geographic* y sirvieron de referencia a multitud de publicaciones de vulgarización. Un tercer nombre, el del checoslovaco Zdenek Burian, se unirá al de ellos en los reportajes de las citadas revistas.

A diferencia de sus predecesores, Burian no estaba inicialmente interesado en la historia natural cuando fue contratado por el profesor Josef Augusta, de la Universidad de Praga, para realizar la recreación de diversos paisajes del Mesozoico y del Terciario. Y, sin embargo, la colaboración entre ambos dio lugar a una copiosísima producción, que se tradujo en la publicación de diversas obras firmadas conjuntamente. Burian sobrevivió a

Augusta (desaparecido en 1968) y continuó su obra con el paleontólogo checo Zdenek V. Spinar. No obstante, el hecho de que Burian desarrollase su faceta de pintor naturalista secundariamente y no desde un principio, imprimió a su obra una particular personalidad, que se refleja en el realismo con que supo recrear la actitud en vida de cada especie animal. En efecto, más que en ningún otro autor, las obras de este artista checo constituyen auténticos «retratos» de la realidad del pasado. Burian parece siempre más interesado en reflejar la pose de cada especie en su medio natural que en reconstruir fielmente su anatomía. Así, los carnívoros aparecen en actitudes desafiantes, a punto de saltar sobre unos atemorizados herbívoros, al tiempo que cualquier objeto secundario recibe un tratamiento mucho más impreciso, a veces unas simples pinceladas sobre un fondo borroso. Probablemente Augusta no fuera muy exigente en este sentido, tal vez impresionado por el realismo vital que emanaban las recreaciones de Burian. Ello dio lugar a diversas incorrecciones de orden paleontológico, que en algunos casos llegaron incluso a ser subsanadas por su propio autor después de varias décadas (por ejemplo, los larguísimos caninos con que dotó al félido *Machairodus* en su primera versión del año 1940). En otros casos, como hemos señalado, Burian realizó auténticos retratos, en los que la figura recreada (ya se tratase de un *Stegosaurus* o de un neandertal) parecía posar ante el pintor como si se encontrase en su estudio. Este interés por plasmar la actitud del individuo más que la anatomía de la especie se refleja también en la escasa atención que prestó a la reconstrucción de escenarios ambientales. En estos casos, Burian prefiere recrear auténticas «naturalezas muertas», bodegones carboníferos repletos de helechos y lianas, pero raramente surcados por la sombra fugaz de un insecto o de un anfibio marginal. En todos los sentidos, Burian se comportó siempre como un pintor en el sentido clásico del término, más que como el fiel intérprete de los datos proporcionados por la paleontología. Tal vez por ello, su obra parece conectar con la realidad del pasado de una manera mucho más convincente que la de otros autores posteriores.

Al otro lado del Atlántico, la tradición iniciada por Knigth y Zallinger fue continuada a partir de la década de 1950 por Jay Matternes. Matternes trabajó para la Smithsonian Institution realizando diversos murales referentes a la evolución de las faunas de mamíferos de Norteamérica. Sin embargo, y a diferencia de sus predecesores, dedicó escasa atención a las reconstrucciones de faunas del Mesozoico. Los murales de Matternes recuerdan en cierto sentido los trabajos del último Zallinger (referentes asimismo a faunas de mamíferos de Norteamérica), especialmente en lo que respecta a la masiva ocupación del volumen por parte de todo tipo de especies. Si se aplicase algún índice para medir la diversidad biológica representada en cada reconstrucción paleobiológica, sin duda los paisajes de Matternes alcanzarían cotas semejantes a las de un parque zoológico. Pero, a diferencia de Zallinger, los paisajes de este último carecen de la bidimensionalidad y linealidad que muestran los murales del Yale Peabody Museum. Por el contrario, las volumétricas formas de Matternes parecen irradiar luz propia, destacando sobre un entorno que parece hecho simplemente para ser ocupado. En cualquier caso, y como hemos indicado, Matternes se ciñó especialmente a la reconstrucción de paleoambientes terciarios, por lo que su aportación a la reconstrucción de los tetrápodos del Mesozoico fue más bien escasa. Los ilustradores que se aventuraron en este último campo durante las décadas de 1960 y 1970 siguieron así la tradición iniciada por Knigth, Zallinger y Burian, basada en la conocida interpretación según la cual los dinosaurios no eran sino grandes saurios bípedos. Sin embargo, las nuevas formulaciones de Bakker, Desmond y otros, que hacían de ellos formas endotermas dotadas de un metabolismo parecido al de aves y mamíferos, revolucionó asimismo la imagen que hasta entonces se había transmitido de estos vertebrados mesozoicos. Los ilustradores que se han aventurado en este campo a partir de la década de 1980 (John Sibbick, Douglas Henderson, Mark Hallet, el mismo Robert Bakker) han puesto especial empeño en incorporar las nuevas ideas existentes sobre la biomecánica y las pautas de comportamiento de los dinosaurios, en ocasiones introduciendo modificaciones provocadoras que rompen con toda la tradición anterior.

Así, en lo que hace a la locomoción, los saurópodos ya no son vistos como pesadas moles yaciendo semiinmóviles en los lagos jurásicos. Por el contrario, braquiosaurios y apatosaurios son representados como formas veloces, capaces de desarrollar una marcha activa tal como hoy hacen los elefantes. Sus largos cuellos recuerdan las rígidas estructuras que hoy observamos en

Figura 12. Recreación de *Brachiosaurus* a cargo de Z. Burian. Durante décadas, estos enormes saurópodos fueron considerados como torpes formas semiacuáticas, con un metabolismo típicamente reptiliano y un comportamiento pasivo. Por el contrario, hoy sabemos que debieron ser formas activas, pacedores de amplias praderas y con un comportamiento gregario similar al de los grandes herbívoros que hoy encontramos en las sabanas.

las jirafas, más que la prolongación serpentiforme con que a veces eran dotados (tal como especificaba la metáfora de Verne). Estas nuevas reconstrucciones se adecuan mejor con el hábitat real que debieron poblar, es decir, extensas llanuras aluviales en las que predominarían las grandes coníferas (y no los biotopos acuáticos de la obras de Knight, Zallinger o Burian). Otro tanto ocurre con los ceratopsios, que ya no son representados con los miembros en disposición lateral, sino que muestran una pose típicamente mamiferoide, con las articulaciones de las rodillas situadas por debajo del cuerpo. Sin embargo, probablemente sea en el caso del ilustre *Iguanodon* y su cohorte de parientes hadrosaurios donde se ha desarrollado una transformación más evidente con respecto a reconstrucciones anteriores. Las primeras recreaciones de Mantell apostaron por una postura netamente bípeda, en claro contraste con el «iguanoide» cuadrúpedo de Hawkin. Esta interpretación fue luego mantenida por numerosos autores (entre ellos, Augusta y Burian). Tan sólo con respecto a *Anatosaurus,* Charles Knight, en su versión de 1909, dejó abierta la posibilidad de un tipo de locomoción cuadrúpeda, al reconstruir uno de aquellos ejemplares a cuatro patas. Sin embargo, los trabajos desarrollados por David Norman sobre estos organismos han revelado que su postura de marcha debió ser efectivamente cuadrúpeda, aun cuando ocasionalmente pudiesen adoptar la posición bípeda para alcanzar las copas de los árboles o para escapar a la carrera. En el extremo opuesto, y en lo que podría calificarse como un caso de provocación paleobiológica, el propio R. Bakker ha propuesto un tipo de locomoción bípeda para una forma tan clásicamente cuadrúpeda como *Stegosaurus*. En fin, esta nueva interpretación de los grandes herbívoros del Mesozoico ha afectado también a las partes blandas del cráneo. Así, hadrosaurios y ceratopsios aparecen dotados de comisuras bucales, tal como hoy sucede en vacas y antílopes, en lugar de las amplias fauces de tipo reptiliano de las reconstrucciones clásicas.

Las nuevas interpretaciones sobre pautas conductuales de los dinosaurios han sido asimiladas también por esta nueva generación de ilustradores. Saurópodos y ceratopsios aparecen formando parte de grandes manadas que se desplazan colectivamente de una zona a otra, tal como hoy hacen elefantes o ñus. Los pequeños y medianos carnosaurios son recreados cazando cooperativamente, siguiendo unas pautas similares a las de los actuales lobos y licaones. La revolución anatómica ha llegado también a los grandes carnosaurios. Estos ya no son vistos como aquellas pesadas moles que a duras penas podían arrastrar sus pesados apéndices caudales. Por el contrario, las nuevas reconstrucciones de *Allosaurus, Tyrannosaurus* y otros recuerdan más las actuales aves corredoras que a los trípodes vivientes de un Zallinger. El tronco aparece ahora situado en posición adelantada, con el centro de gravedad situado a nivel de la cadera. La cola se convierte entonces en un balancín que permite equilibrar el movimiento en el momento del ataque o durante la carrera.

Pero acaso donde más lejos haya llegado la revisión de los «nuevos dinosaurios» sea en el caso de la coloración de su piel. Clásicamente, en ausencia de toda evidencia, los ilustradores habían optado por utilizar colores neutros de tipo reptiliano (grises o verdes, pero no los vistosos colores aposemáticos de algunas especies tropicales). Ahora bien, si las aves son reconocidas hoy como los más próximos descendientes de los dinosaurios ¿por qué no imaginar que la diversidad de pautas cromáticas, ligadas al reconocimiento entre especies, no es sino la herencia de sus antepasados directos, y no una innovación ligada a su evolución reciente? La existencia de estructuras de forma caprichosa en la cabeza de diversos hadrosaurios ha sido interpretada en este sentido y cabe pensar que este tipo de dispositivos fue sustituido en otros dinosaurios por la presencia de coloraciones llamativas. En este terreno, sin duda nadie ha ido tan lejos como Mark Hallett en la utilización de colores aposemáticos. Sus reconstrucciones han contribuido a dotar de luz y complejidad cromática una era antaño entrevista como oscura y tenebrosa. Y sin embargo, fueron precisamente las auténticas criaturas de la noche del Mesozoico, los pequeños mamíferos, los que heredaron el mundo dejado por los dinosaurios. Y de entre todos aquellos primitivos terios, señores del reino del olfato, sólo un orden, nosotros los primates, hemos sido particularmente dotados para comprender aquella era en la que la visión era el sentido dominante. Han tenido que pasar, pues, 65 millones de años para que el mundo de los dinosaurios viese de nuevo la luz.

9

El mito de la gran extinción

La mente humana suele verse atraída por los misterios. Pero raramente el misterio va ligado al desarrollo normal de un sistema. Por el contrario, este tipo de fascinación «mistérica» va tradicionalmente asociada a las apariciones o a las desapariciones. O bien, si nos trasladamos al campo del discurso científico, a los orígenes (del hombre, por ejemplo) y a las extinciones (de los dinosaurios, por ejemplo). De los grandes tetrápodos de la era mesozoica llama poderosamente la atención su gigantismo pero, sobre todo, su —digamos— «enigmático» final. Los investigadores que se han aventurado a proponer soluciones sobre el problema de las extinciones del final del Mesozoico no se han visto tampoco libres de esta peculiar atmósfera. En los últimos cincuenta años, las hipótesis (propuestas, muchas veces, por especialistas ajenos al mundo de la paleontología) han sido muy variadas y con grados de rigor científico diverso.

El problema se planteó ya desde un principio, cuando empezaron a ser descubiertos los primeros restos de dinosaurios. Darwin mismo confiesa su contrariedad ante la reiterada sorpresa que provoca que formas de tal corpulencia hayan llegado a extinguirse. La vulgarización del lema darwiniano de «la lucha por la vida» determinaba la supervivencia de los más fuertes, cualquiera que fuese el sentido de este término. En *El origen de las especies* se siente obligado a contestar esta simplificación grosera de la selección natural, «como si solamente la fuerza corporal diese la victoria en la lucha por la vida. Por el contrario, la corpulencia por sí sola determinaría en algunos casos, como ha hecho observar Owen, una extinción más rápida por la gran cantidad de alimento requerido».

Desde una perspectiva catastrofista o creacionista, la extinción de los dinosaurios no constituía un problema especialmente grave. Para expresarlo de una manera gráfica, los dinosaurios, simplemente, «no habrían entrado en el arca de Noé»: su extinción sería coetánea de alguna de las grandes catástrofes que han puntuado la historia de la Tierra. Estas catástrofes se suponían de vasto alcance, afectando prácticamente a todas las formas vivientes de un área y un tiempo determinado. La capacidad para sobrevivir a dichos eventos, o no se contemplaba, o no aparecía ligada a las características biológicas del grupo. Por el contrario, como comenta el mismo Darwin, «la teoría de la selección natural está fundada en la creencia de que cada nueva variedad y, finalmente, cada nueva especie se ha producido y mantenido por tener alguna ventaja sobre aquellas con las que entra en competencia; de lo que se sigue casi inevitablemente la consiguiente extinción de las formas menos favorecidas». Por tanto, si los dinosaurios y otras formas semejantes resultaron finalmente extinguidas, la causa debía buscarse en algún tipo de desventaja biológica que permitiese su sustitución por los mamíferos. Las claves de esta sustitución, sin embargo, no resultaban evidentes y de ahí el asombro de los coetáneos de Darwin: ¿cómo fue posible que los pequeños mamíferos de principios del Terciario llegasen a desplazar a aquellas formidables estructuras biológicas, dueños absolutos de las tierras del Mesozoico?

La respuesta a esta embarazosa pregunta no tardó en llegar. En efecto, si se compara el tamaño relativo del cerebro en ambos grupos, se constata que cualquier mamífero, por primitivo que sea, supera ampliamente en este aspecto a todas las formas de dinosaurios. La imagen del dinosaurio como una inmensa masa vegetativa dotada de un cerebro minúsculo y un comportamiento estúpido hacía mucho más plausible su extinción y posterior sustitución por los «inteligentes» mamíferos, cualquiera que fuese la causa concreta de su desaparición.

·Sin embargo, el problema ha quedado reabierto desde el momento en que el estudio de la paleofisiología de los dinosaurios ha revelado un metabolismo y unas pautas de comportamiento mucho más próximas a mamíferos y aves que a los actuales reptiles. Desde esta perspectiva, la gran extinción de finales del Mesozoico constituye un reto para nuestra capacidad de interpretación del pasado. Resumiendo de una manera muy sumaria la historia de esta polémica, podríamos decir que las distintas líneas de trabajo se han centrado básicamente en dos aspectos del tema. De un lado, está el análisis de las características biológicas de los grupos extinguidos. De otro, el estudio de los diversos eventos del final del periodo Cretácico que pudieran haber dado lugar a estas extinciones.

Características biológicas de los grupos extinguidos

Uno de los factores que hace más problemático y, a la vez, más atractivo el tema de las extinciones de finales del Mesozoico es su complejidad. Para empezar, la crisis del Cretácico terminal fue una auténtica crisis, por cuanto afectó a grupos muy diversos de organismos (desde grandes vertebrados hasta protistas, pasando por órdenes enteros de moluscos y corales) en un lapso temporal relativamente corto: unos pocos millones de años a lo sumo, cuando la era mesozoica abarca 150 millones de años. Sin embargo, el análisis conjunto de las características de los distintos grupos no arroja mucha luz sobre las causas posibles de tal extinción. En primer lugar, las extinciones afectaron tanto a organismos terrestres como marinos. Conocemos otro caso espectacular de grandes extinciones masivas, a finales de la era paleozoica (150 millones de años antes de la crisis del final del Cretácico). Pero la crisis finipaleozoica afectó principalmente a organismos marinos, preferentemente de plataforma costera, y no a los organismos de los continentes, que continuaron su evolución sin cambios abruptos. De otro lado, hoy sabemos que a finales del Paleozoico tuvo lugar una importante reducción de las áreas costeras de plataforma como consecuencia de la unificación de todos los continentes en una gran masa continental denominada Pangea. Ello podría explicar sin grandes dificultades esta gran crisis anterior a la de finales del Mesozoico.

Durante la crisis del Cretácico, los diversos grupos de organismos marinos y terrestres no se vieron afectados de la misma manera. Entre los vertebrados terrestres, parece claro que se extinguió un gran número de formas de «sangre fría» o ectotermas, siendo los principales beneficiarios de estas extinciones las formas de «sangre caliente» o endotermas. Sin embargo, otras muchas formas ectotermas sobrevivieron (como los cocodrilos o las tortugas), en tanto que algunos grupos de organismos endotermos también se vieron afectados por la extinción. Así, hoy sabemos que, como mínimo, algunos pterosaurios (grupo de rep-

142

tiles voladores del Mesozoico) eran ya endotermos, dato que viene atestiguado por la presencia de pelo detectada en algunos especímenes. De otro lado, la crisis afectó profundamente a alguno de los grupos de mamíferos ya existentes a finales del Cretácico, como es el caso de los marsupiales. En cambio, no afectó apreciablemente a los otros dos conjuntos de mamíferos entonces dominantes (multituberculados y placentarios). Otros ejemplos de extinción son incluso más espectaculares, como es el caso de los ammonoideos, cefalópodos dotados de una concha externa enrollada sobre sí misma y cuyo modo de vida y fisiología debían ser muy próximos al de los actuales *Nautilus* (que presentan una estructura semejante). Sin embargo, los ammonoideos, tras un prolongado declive, se extinguieron sin excepción, en tanto que los *Nautilus* continúan hoy día poblando las aguas de algunos mares cálidos.

Dentro de esta misma problemática se inscriben aquellas líneas de investigación que tienden a esclarecer la paleofisiología de los dinosaurios, a las que ya nos hemos referido. Si los dinosaurios fueron formas de «sangre caliente» o con una cierta capacidad de termorregulación, entonces la idea de que las extinciones de finales del Mesozoico afectaron sobre todo a formas ectotermas debe ser finalmente revisada. Curiosamente, algunos resultados recientes sobre las disfunciones que las altas temperaturas producen en el proceso de espermatogénesis de quelonios y cocodrilos han sido transplantados sin más para explicar el final de los dinosaurios. Sin embargo, este argumento lleva en sí su propia contradicción, por cuanto se pretende inferir la causa de la extinción a partir de las características fisiológicas de los reptiles supervivientes, es decir, de aquellos que precisamente no se vieron afectados por la crisis.

El otoño del Mesozoico

Una segunda línea de ataque del problema se centra en los eventos de carácter global que pudieran haber afectado a grupos tan diversos. Ya a partir de la década de 1960, determinados especialistas como paleobotánicos, palinólogos y micropaleontólogos postularon que el tránsito Cretácico-Terciario coincidía con un deterioro global de las temperaturas. A nivel de las aguas marinas, las formas de foraminíferos planctónicos predominantes durante el Mesozoico terminal son bruscamente sustituidas por nuevos grupos de protozoos que caracterizarán las microfaunas terciarias posteriores.

El límite Cretácico-Terciario coincide, además, con un proceso de regresión generalizada de los océanos, por el que se reduce considerablemente la superficie ocupada por los mares de aguas poco profundas o someras. Ello permite explicar el final de determinados grupos de invertebrados marinos (como los ammonites, principales colonizadores de esas aguas), aunque no el del plancton marino. En cualquier caso, este dato no entra en contradicción con lo anteriormente señalado, por cuanto las fases de deterioro climático suelen conllevar también el acúmulo de hielo en los polos dando lugar, por tanto, a un descenso generalizado del nivel del mar.

Los dos eventos más arriba señalados se encuadran dentro de lo que se ha denominado una visión *gradualista* del problema, pues involucra fenómenos cuya duración abarca, como mínimo, uno o varios miles de años. La formulación del escenario de Alvarez abrió el camino a numerosas interpretaciones alternativas, con variantes que incluyen la caída de un cometa, la explosión de una supernova o una gran explosión volcánica. Todas ellas se encuadran dentro de lo que se ha denominado «hipótesis catastrofistas», por cuanto invocan efectos cuya duración no debió superar el año. Sin embargo, los distintos modelos propuestos no son epistemológicamente simétricos. La hipótesis de Alvarez, aunque atractiva por cuanto postula un mecanismo sencillo para explicar una variedad muy amplia de fenómenos de extinción, conlleva un condicionante básico que la hace sumamente frágil con respecto a otras explicaciones menos catastrofistas. Y es que, a nivel de registro geológico, un acontecimiento tan extraordinariamente breve como la caída de un meteorito, con consecuencias que como mucho se extienden a lo largo de varios meses o varios años, presupone la necesidad de una concordancia prácticamente perfecta entre todas las variables implicadas. La menor de las incongruencias hace difícilmente aceptable un modelo en el que la verdad científica se lo juega a todo o nada (incongruencias, por lo demás, subsanables en otros escenarios cuya acción se dilata en el tiempo). En favor del escenario de Alvarez existen algunas evidencias que dejan pocas dudas sobre la existencia de uno o varios impactos meteoríticos al final del Cretácico, como es la existencia de cristales de cuarzo de impacto o la presencia de microtectitas (los primeros producidos por el choque del meteorito con la corteza terrestre, los segundos inevitablemente asociados a la entrada de cuerpos siderales). Ahora bien, impactos meteoríticos de cierta magnitud se han producido repetidas veces en la historia de este neta, sin que ello haya dado lugar a un desplome general de la biosfera. Por ejemplo, hace unos quince millones de años, un cuerpo meteorítico de un centenar de metros de diámetro impactó en el centro de lo que hoy es Alemania y, sin embargo, no existen evidencias de que tal impacto afectase especialmente a las faunas continentales, que continuaron su evolución sin cambios apreciables. A esta objeción se añade el hecho de que en algunas secciones del límite Cretácico-Terciario son varias las bandas enriquecidas en iridio que aparecen.

En el terreno de los datos paleontológicos, la mejor evidencia de crisis biótica fulminante se encuentra entre los organismos fotosintéticos y, más concretamente, entre el plancton marino. Pero esta imagen catastrófica no alcanza a toda la comunidad planctónica, ya que las algas diatomeas apenas resultaron afectadas por dicha crisis. Por lo que hace a la flora de los continentes, las evidencias son contradictorias. Algunas extinciones muestran un componente latitudinal: los efectos de la crisis se habrían manifestado, en una primera fase, en las zonas septentrionales, afectando progresivamente a las áreas próximas al ecuador. De otro lado, las comunidades de agua dulce no se vieron afectadas por la crisis finicretácica, lo cual entra en contradicción con lo predicho por la hipótesis del asteroide.

Por lo demás, se observa que la gran extinción de finales del Mesozoico no aparece como un único y colosal evento, sino que en realidad existen diferentes fases escalonadas en el tiempo. Así, muchos de los grupos afectados por la crisis de finales del Cretácico sufrieron un largo declive antes de extinguirse definitivamente. Este es el caso, por ejemplo, de la mayor parte de reptiles marinos y voladores (sauropterigios, ictiopterigios, pterosaurios) y de muchos grupos de moluscos (entre ellos, los mismos ammonoideos). Otros (entre ellos los dinosaurios) llegan a este límite con un nivel de diversidad lo suficientemente bajo como para pensar que su extinción no entra dentro de la anormalidad. Así, en algunas secciones geológicas, los dinosaurios desaparecen varios metros por debajo del nivel enriquecido en iridio. Sin embargo, evidencias negativas de este tipo podrían ser explicadas por factores ligados a un muestreo defectuoso o a deficientes condiciones de conservación. Por el contrario, existen evidencias positivas de persistencia de restos de dinosaurios por encima del nivel de iridio en Montana. Aunque, en este caso, nuevamente se ha recurrido a un argumento complejo para evitar la refutación del escenario de Alvarez: estos huesos procederían de yacimientos cretácicos que habrían sido retransportados y resedimentados algunos millones de años después, en el Paleoceno. Más difícil de soslayar es la coexistencia de mamíferos típicos del mismo Paleoceno junto a restos de dinosaurios en algunas localidades sudamericanas. ¿Nos encontramos ante una radiación precoz de mamíferos «terciarios» a finales del Mesozoico o debemos admitir la persistencia de dinosaurios más allá de la crisis finicretácica?

En fin, a medida que se le han ido imputando objeciones a la hipótesis del asteroide, ésta se ha ido complicando progresivamente. Para explicar las extinciones escalonadas, ya no es uno sino varios los asteroides que debieron caer a finales del Cretácico. Cada vez más, el escenario de Alvarez se asemeja, prematuramente, a un paradigma científico en curso de recambio, al que se le van haciendo sucesivas adiciones con el fin de «salvarlo». En cualquier caso, ciertamente podemos afirmar que:

a) A finales del Cretácico, como en otros momentos de la historia geológica, se produjeron uno o varios impactos meteoríticos (presencia de cuarzo de impacto y microtectitas).

b) A finales del Cretácico se produjo una crisis biológica de grandes dimensiones.

Ahora bien, como hemos visto, el análisis de las extinciones finicretácicas a nivel global no arroja la imagen de un cambio brusco y catastrófico, producido en el lapso de uno o pocos años. Existen demasiadas evidencias que muestran la citada crisis como un fenómeno dilatado en el tiempo, que pudo extenderse durante varios miles de años. Así pues, aun cuando no puede excluirse algún tipo de contribución en el desenlace final, difícilmente podemos reconocer en a) a la causa única y suficiente del efecto b).

Una pregunta mal hecha

Se ha dicho que el fin último de cualquier discurso racional es responder a algunas grandes cuestiones: ¿por qué existe la vida?, ¿por qué existe la muerte?, ¿por qué apareció el hombre? Cuando se analizan con detalle, sin embargo, suele llegarse a la conclusión de que muchas de estas grandes preguntas son simplemente irresolubles porque... están mal hechas. «¿Por qué desaparecieron los dinosaurios?» se ha convertido también en una gran pregunta y, como tal, es probablemente una pregunta mal hecha. Más que preguntarnos por qué llegaron a extinguirse los dinosaurios (los más grandes organismos terrestres que jamás hayan existido), tal vez debamos preguntarnos *por qué aparecieron los dinosaurios,* es decir, qué circunstancias ambientales llevaron a la proliferación de estas gigantescas estructuras biológicas. La respuesta a ello tal vez se encuentre en la «rodaja de tiempo» que denominamos Triásico. El Triásico constituye la primera división cronológica del Mesozoico, después de la crisis del final del Paleozoico. A nivel de faunas terrestres, se trata de un periodo mal conocido, cuyas características climáticas debieron aproximarse mucho más a las del Cenozoico (Terciario y Cuaternario) que a las que predominaron durante el resto del Mesozoico. Las masas continentales formaban entonces dos grandes subcontinentes, uno aproximadamente ecuatorial, llamado Laurasia, y otro meridional, Gondwana, en el que se han detectado fenómenos de glaciarismo. Aunque comparativamente el registro de tetrápodos fósiles que nos ha llegado no es muy abundante, hoy sabemos que debió existir una variada fauna, como lo demuestran los diversos tipos de huellas fosilizadas (o icnitas) que se han conservado en numerosas localidades de Africa y Eurasia. Un mundo, no obstante, sin apenas dinosaurios, ya que su eclosión no se produjo hasta el Triásico tardío. Un mundo, en efecto, sin dinosaurios pero ¡ya con mamíferos! (o cuasi-mamíferos). Así, formas muy próximas a los verdaderos mamíferos, probablemente endotermas, de talla moderada y seguramente con pelo, se encuentran desde la base del Triásico. En efecto, la fauna de tetrápodos de los ecosistemas continentales de la primera parte del Mesozoico no es de tipo «reptiliano» (en el sentido que damos actualmente al término) sino manifiestamente «mamiferoide». Se diría que el estadio reptiliano es, desde nuestra perspectiva de mamíferos triunfantes, un breve paréntesis filogenético entre nuestro propio estadio y el de los anfibios. Si ya desde el Triásico los ecosistemas estaban dominados por formas mamiferoides y, desde hace 65 millones de años, los mamíferos son los vertebrados terrestres dominantes ¿cuál es el significado de esos 150 millones de años de rotundo éxito evolutivo de los dinosaurios?

Las causas de ello probablemente haya que buscarlas en el contexto de una biosfera que durante el Triásico entra en una nueva fase de estabilidad climática, tras las fases glaciares que se desarrollaron a finales del Paleozoico. Los grandes herbívoros terápsidos deben enfrentarse ahora con un nuevo tipo de pequeño depredador bípedo, que prolifera a medida que las condiciones ambientales van haciéndose más favorables. Son los primeros dinosaurios, probablemente mejor preparados para sus funciones depredadoras que los pesados terápsidos cuadrúpedos que hasta entonces han ocupado ese nicho ecológico. Como en el caso del hombre con respecto a los mamuts y otras formas de finales del Pleistoceno, los grandes cuadrúpedos de principios del Mesozoico, bien adaptados a las difíciles condiciones del Pérmico, no pudieron resistir la presión ejercida por estos depredadores bípedos, surgidos al hilo de las nuevas condiciones climáticas.

Así pues, todo parece indicar que a mediados del Mesozoico la biosfera entró en una fase de estabilidad climática y ambiental notable, con temperaturas netamente superiores a las actuales. Ello coincidió con la formación de nuevas barreras biogeográficas, que surgieron de la disgregación de Pangea y de la invasión de las tierras continentales por numerosos mares de aguas someras. Ello, a su vez, debió facilitar los procesos de especiación alopátrica y la aparición de numerosas formas vicarias en cada subcontinente, dando lugar a un aumento espectacular de la diversidad biológica. Utilizando una metáfora ecológica, podríamos comparar las condiciones de buena parte del Mesozoico con las de un ecosistema maduro. Los ecólogos saben hoy que los ecosistemas no son unas estructuras estáticas o meramente degradables, sino que evolucionan en el tiempo dentro de lo que se ha dado en llamar la sucesión ecológica. Los ecosistemas pasan así de una fase inicial inmadura, más inestable, a fases de madurez y estabilidad crecientes, basadas en la coevolución de las especies que los conforman. Las fases iniciales de un ecosistema se caracterizan por una baja diversidad de formas ecológicas con unas pocas especies invasoras dominando toda la biocenosis. Estas especies suelen presentar una gran capacidad reproductora, que se contrarresta con una elevada mortalidad en las primeras etapas de la vida, una talla reducida y un ciclo vital corto. Son los denominados «estrategas de la r». Por el contrario, las formas que pueblan los ecosistemas maduros suelen ser organismos muy especializados, con pocas crías y un número bajo de individuos, dando como resultado una biocenosis con una alta diversidad de especies (piénsese, por ejemplo, en una selva tropical o en los arrecifes de coral). Son los denominados «estrategas de la K». Como el crecimiento de los cristales, la sucesión de los ecosistemas precisa de tiempo y reposo. Por sus características, los grandes reptiles del Mesozoico (no sólo los dinosaurios) constituyen típicos exponentes de una selección de tipo «K»: gigantismo, alto grado de especialización, viviparismo en el caso de algunas formas marinas, comportamiento gregario y cuidado posnatal comprobado en diversos géneros de ornitisquios... Otro tanto cabe decir del alto grado de especialización alcanzado por diversos grupos de invertebrados de plataforma marina, como es el caso de los ammonoideos «heteromorfos». El límite teórico de estabilidad o madurez de un ecosistema es lo que se denomina *clímax*. Sin embargo, a medida que un ecosistema adquiere una mayor diversidad y se hace más complejo (es decir, se aproxima a su clímax), se hace, a su vez, más frágil y vulnerable y, por tanto, susceptible de degradación. Cualquier cambio en las condiciones climáticas o ambientales puede determinar una profunda regresión que provoque el fin de la biocenosis que contenía. Tenemos razones para pensar que en la última parte del Cretácico asistimos a un fenómeno similar a nivel de los ecosistemas terrestres y de plataforma. Un evento de extinción no se mide tanto por el número de especies que desaparecen en un momento dado, como por el hecho de que muy pocas de ellas son reemplazadas por otras similares. La extinción no es un fenómeno raro en la naturaleza, sino que se produce a una tasa constante (la denominada «ley de Van Valen»). Esta «extinción de fondo», sin embargo, es constantemente equilibrada por la aparición de nuevas especies que sustituyen a las anteriores. Las fases de extinción masiva no se caracterizan tanto por un aumento de la tasa normal de extinción, como por un descenso en la producción de nuevas especies.

Desde esta perspectiva ecológica ¿por qué no imaginar la crisis del límite Cretácico-Terciario como una gran regresión ecológica, de dimensiones proporcionales a los niveles de diversidad alcanzados durante el Mesozoico? Así las cosas, cualquiera de los mecanismos propuestos para explicar las extinciones finicretácicas pudo provocar el predecible desmoronamiento de una biosfera sin capacidad de respuesta. En este sentido, la historia de la vida durante las últimas fases del Mesozoico sería también la crónica de una muerte anunciada. En cuanto a su brusco epílogo, no se sustraería a la regla que afirma que cuanto más frágil es una estructura más precipitado es su final. Acaso la expansión de los vertebrados en el Mesozoico nos muestra a lo que es capaz de llegar la vida si se le proporcionan condiciones de estabilidad suficientes. Acabado el espectacular experimento, los mamíferos, las formas surgidas de las difíciles condiciones del Triásico, volvieron a dominar los ecosistemas terrestres y acuáticos.

Algunos especialistas han llegado a preguntarse qué hubiese ocurrido de no extinguirse los dinosaurios. La presencia en el Cretácico superior de especies de talla reducida cuya relación masa cerebral/masa corporal se acercaba a la de los mamíferos más primitivos (en contraste con la clásica imagen del «dinosaurio estúpido») ha llevado a algunos autores a pensar que, de no mediar la crisis finicretácica, estos pequeños saurios podrían haber continuado su evolución, dando lugar, finalmente, a especies inteligentes. Ciertamente, este es un buen argumento de ciencia-ficción, aunque como hipótesis científica es difícilmente contrastable.

En fin, ni la evolución ni la historia son necesariamente lineales. En un modelo no direccionista sería posible concebir una Tierra de nuevo dominada por los dinosaurios. Esta posibilidad, sin embargo, se nos antoja remota e improbable. Los primitivos arcosaurios que dieron lugar a los dinosaurios están hoy definitivamente extinguidos. De otro lado, las excepcionales condiciones que se dieron durante la segunda mitad del Mesozoico difícilmente volverán a repetirse. Efectivamente, las estirpes condenadas a cien millones de años de soledad no tienen una segunda oportunidad sobre la Tierra.

10
Los primeros homínidos de Europa

De entre los periodos en que se divide el Terciario (Paleoceno, Eoceno, Oligoceno, Mioceno y Plioceno), tal vez sea el Mioceno —el comprendido entre hace 25 y 5 millones de años— el mejor estudiado y aquel que ha tenido una mayor incidencia en la evolución posterior del planeta. En efecto, no debemos olvidar que fue en el Mioceno cuando tuvieron lugar los primeros fenómenos de glaciarismo antártico, preludio de los fríos del Pleistoceno; asimismo, al final de este periodo se produjo la desecación casi total del Mediterráneo, prefigurando su estructura actual; pero sobre todo, fue en el Mioceno cuando aparecieron los primeros primates bípedos, nuestros más directos antepasados.

Desde finales del siglo XIX y durante buena parte del siglo XX, el conocimiento que se tuvo de las faunas de vertebrados terrestres del Mioceno fue muy fragmentario. Del Mioceno medio se conocía una importante localidad francesa, Sansan (cerca de Agen) que había proporcionado abundantes restos de mamíferos. La fauna de este yacimiento era muy variada y comprendía diversos órdenes, con abundancia de numerosos ungulados, proboscídeos y rinocerontes. De entre estos últimos, algunos, probablemente emparentados con el actual rinoceronte de Sumatra *Dicerorhinus,* respondían plenamente a la idea que hoy día tenemos de estos grandes herbívoros. Por el contrario, otro de los géneros de rinoceronte presente en Sansan, *Aceratherium,* carecía de los característicos apéndices córneos y llevaba, probablemente, un modo de vida semiacuático.

De entre los proboscídeos, *Tetralophodon* pertenecía al grupo de los llamados «mastodontes», que incluye a los precursores de los actuales elefantes. El término *Mastodon* fue creado por el propio Cuvier y hace referencia a los molares de estos proboscídeos, hasta cierto punto similares a los nuestros y constituidos por una serie de grandes tubérculos que por su forma recuerdan a las glándulas mamarias de algunos mamíferos. En los elefantes actuales, estas cúspides han desaparecido, sustituidas por una sucesión de estrechas láminas que les permiten triturar el alimento. Los mastodontes presentan una curiosa historia biogeográfica, que recuerda hasta cierto punto la de nuestros antepasados hominoideos. Originarios de Africa, de donde debieron surgir a partir de algún grupo de ungulados primitivos, se encuentran representados durante el Oligoceno por los géneros *Phiomia* y *Palaeomastodon*. Durante el Mioceno inferior, hace unos veinte millones de años, la colisión del continente africano con la masa continental euroasiática permitió la expansión de este grupo por toda la región holártica a través de la región arábiga. En Europa, las formas más primitivas, pertenecientes al género *Gomphotherium*, fueron sustituidas durante el Mioceno medio y superior por *Tetralophodon*, caracterizado por su mayor talla y por sus molares más complicados. Como *Gomphotherium*, y a diferencia de los elefantes actuales, *Tetralophodon* tenía el cráneo muy largo, coronado en su extremo anterior por cuatro colmillos rectilíneos, dos en el maxilar superior y dos, más reducidos, en la mandíbula. El otro grupo de proboscídeos presente en las faunas del Mioceno europeo, *Deinotherium*, no tenía una relación directa con los anteriores. Sus molares, constituidos por dos crestas transversales cortantes, eran muy diferentes a los de los elefantes y mastodontes, lo que motivó que Cuvier atribuyese inicialmente este género al grupo de los tapires. Otro rasgo sorprendente de este grupo eran sus dos únicos incisivos, implantados en la mandíbula y recurvados hacia abajo y hacia atrás, en una extraña posición que no se encuentra en ningún otro grupo. Se ha especulado mucho sobre el significado adaptativo de estas peculiares defensas, casi siempre interpretadas en términos de una posible función roturadora del suelo a la búsqueda de raíces y bulbos. Sea como fuere, lo cierto es que los ecosistemas terrestres del Mioceno euroasiático podían soportar la coexistencia de hasta dos especies diferentes de proboscídeos compartiendo el mismo hábitat.

Por otro lado, el grupo de los ciervos y afines estaba representado por formas de pequeña talla y sin astas, como *Micromeryx*, y formas con astas, como *Heteroprox* y *Stephanocemas*. Estos últimos, de talla mediana, se diferenciaban de los actuales ciervos en que sus apéndices carecían de candiles. Así, en el caso de *Stephanocemas,* el asta culminaba en una expansión circular repleta de pequeñas protuberancias. Por el contrario, en *Heteroprox* el asta se bifurcaba formando algo así como una «Y» griega. Había también ciervos de agua similares a los que actualmente se hallan en las selvas tropicales del extremo Oriente *(Tragulus, Hyemoschus).* Existía también una amplia diversidad de formas lejanamente emparentadas con los actuales jabalíes, como *Listridon, Conohyus, Hyotherium, Taucanamo* y otros más. *Listridon* tenía la talla de un jabalí robusto y se caracterizaba por poseer grandes colmillos recurvados hacia arriba. Sus molares, formados por láminas transversales cortantes, estaban adaptados al consumo de vegetales duros (tal vez raíces y gramíneas). Por el contrario, los molares de los otros suidos mencionados recordaban los del actual jabalí, propios de un régimen omnívoro. Por su parte, los bóvidos, la familia que agrupa a antílopes, bueyes y similares, estaban representados por formas muy primitivas como *Eotragus* y *Protragocerus,* emparentadas con el nilgo, que actualmente puebla las praderas y altiplanicies del subcontinente índico. Entre los carnívoros, destaca la presencia de «dientes de sable» primitivos como *Sansanosmilus* y de amficiónidos del género *Amphicyon,* un grupo emparentado con los actuales cánidos (perros y lobos), pero que podía llegar a alcanzar las dimensiones de un oso. Por último, entre los pequeños mamíferos, abundaban los cricétidos (familia que incluye los actuales hámsteres) y los glíridos (que incluye a los actuales lirones).

Por lo que respecta al Mioceno superior europeo, el número de localidades conocidas era también escaso. Destacaba, particularmente, el yacimiento de Pikermi, en Grecia, y era también conocida la localidad de Concud, en la cuenca de Teruel. Las faunas de Pikermi y Concud eran muy diferentes de las descritas para el Mioceno medio. Para empezar, el elemento dominante era *Hipparion,* el pequeño équido tridáctilo estudiado por Kovalevski en su monografía, que faltaba en los niveles de Sansan. Como sabemos desde los trabajos de Marsh, *Hipparion* procedía de Norteamérica y, como en el caso de los équidos monodáctilos como el caballo, con un solo dedo por extremidad, se trataba de una forma corredora adaptada a espacios abiertos. Asimismo, sus dientes, como señalara Kovalevsky, recuerdan ya a los de los actuales caballos y asnos, caracterizados por poseer una corona alta, fuertemente replegada y con cemento rellenan-

Figura 13. Paisaje del Mioceno medio europeo. Durante esta época, el continente estaba poblado por una variada fauna de mamíferos, que incluía a proboscídeos como *Deinotherium,* rinocerontes del género *Acerathrium*, ungulados ramoneadores como *Chalicotherium,* carnívoros «dientes de sable» como *Sansanosmilus,* además de una amplia gama de ciervos y suidos (óleo de M. Antón, Instituto de Paleontología «M. Crusafont» de Sabadell).

do los huecos. Este patrón dentario fue interpretado como una respuesta adaptativa frente al tipo de vegetación (básicamente gramíneas) que debió predominar en las praderas del Mioceno superior europeo. Los predecesores de *Hipparion* en el Mioceno europeo, como *Anchitherium,* adaptados a un régimen de vegetales blandos, presentaban molares muy diferentes, de corona baja y sin cemento. Junto a *Hipparion,* había ya verdaderos jiráfidos, formas de origen asiático ausentes en las faunas del Mioceno medio como Sansan. Entre los roedores, predominaban los múridos, familia a la que pertenecen las actuales ratas y ratones. El resto de los grupos estaba representado por formas más evolucionadas que las del Mioceno medio, aunque con ausencias significativas.

Durante buena parte del siglo XX, pues, el Mioceno en Europa apareció dividido en dos fases bien diferentes. La más antigua, correspondiente a las faunas de Sansan y otros yacimientos, se componía básicamente de elementos de bosque tales como ciervos primitivos, ciervos de agua, suidos, rinocerontes acuáticos y proboscídeos. Por el contrario, la fase más reciente, correspondiente a las faunas de Pikermi y Concud, parecía representar un biotopo de sabana o pradera abierta, con abundancia de équidos del género *Hipparion,* bóvidos parecidos a antílopes, jiráfidos y suidos gigantes.

Europa hace diez millones de años

La fosa del Vallés-Penedés constituye una estrecha depresión tectónica situada al nordeste de la península Ibérica que se extiende paralelamente a la costa mediterránea. Su origen se remonta a más de treinta millones de años atrás, cuando, desde el norte europeo, comenzó a formarse una dorsal (o *rift)* similar a la hoy existente en el Africa oriental. Este proceso de fracturación de la corteza (o *rifting)* no llegó sin embargo a progresar como sí lo hicieron, en cambio, la dorsal centro-atlántica o la del mar Rojo (responsable ésta última de la separación entre Arabia y Africa). No obstante, este abortado proceso de formación de una dorsal tuvo importantes consecuencias para la configuración definitiva de Europa occidental (por ejemplo, la formación del valle del Ródano o la separación de Córcega y Cerdeña del continente).

156

El Vallés-Penedés constituye la prolongación hacia el sur de esa incipiente dorsal o *rift*. La cuenca forma parte de un sistema de fosas tectónicas de dirección suroeste-nordeste que se extiende en paralelo a la cuenca mediterránea occidental y cuyos márgenes más elevados —y, por tanto, emergidos— son las cadenas costeras catalanas, por un lado, y las islas Baleares, por otro. Durante la mayor parte de su historia —desde los comienzos del Mioceno hasta la actualidad— la sedimentación en la fosa fue de carácter continental, con aportes procedentes de los relieves cercanos que la circundaban. En numerosos puntos de la cuenca, este drenaje permitió el establecimiento de áreas encharcadas, favorables a la conservación de los restos de vertebrados pertenecientes a las especies que habitaban la zona.

Los primeros hallazgos de mamíferos fósiles en el Vallés-Penedés se remontan a principios del siglo XX y corrieron a cargo del canónigo Jaume Almera. Aunque el sucesor de Almera, J.R. Bataller, continuó interesándose por los cada vez más abundantes restos de mamíferos fósiles que aparecían en diversas localidades de la cuenca, una labor sistemática y continuada de prospección paleontológica no fue abordada hasta principios de la década de 1940. El lanzamiento del Vallés-Penedés como una las zonas fosilíferas más importantes del mundo en lo que respecta al estudio de los mamíferos fósiles se debió al entusiasmo de tres jóvenes paleontólogos de aquel momento: Miquel Crusafont, Josep F. de Villalta y Jaume Truyols. Tomando como cuartel general el entonces vetusto Museo de Historia de la Ciudad de Sabadell, los tres realizaron, a lo largo de más de veinte años, una de las tareas de recolección y estudio de mamíferos fósiles más importantes de Europa. En la época en que Crusafont, Villalta y Truyols empezaron sus trabajos en la cuenca, asociaciones parecidas a las de Sansan habían sido también descubiertas en el Vallés-Penedés, especialmente en la trinchera del ferrocarril próxima a la población de Sant Quirze y en la localidad de Can Mata, en la comarca del Penedés. Por lo que respecta al Mioceno superior, tan sólo una localidad, Piera, presentaba una asociación semejante a las de Pikermi o Concud. Sin embargo, no podía decirse que *Hipparion* fuese un elemento raro o ausente en aquella cuenca. Por el contrario, se trataba de un elemento muy frecuente en numerosas localidades de la fosa. Pero en estos casos, el resto de la fauna acompañante no tenía nada que ver con las asociaciones típicas del Mioceno superior, sino que correspondía a los elementos característicos del Mioceno medio: suidos como *Listriodon,* ciervos como *Dorcatherium* y *Micromeryx,* grandes cánidos como *Amphicyon* y otros. Esta paradoja intrigó profundamente a los componentes del equipo de Sabadell, los cuales se empeñaron en la recolección y análisis de todo tipo de restos procedentes de estos yacimientos. Pronto se dieron cuenta que el carácter anómalo de los yacimientos con *Hipparion* del Vallés-Penedés no era atribuible a factores de índole zoogeográfica o regional, sino que se trataba de una fase particular dentro del Mioceno: constituía un episodio inédito en el resto de Europa, que había pasado inadvertido a la hora de elaborar la historia geológica del continente. Crusafont propuso el término «Vallesiense» para designar a este nuevo piso de mamíferos, situando el estratotipo o localidad de referencia en la localidad de Can Ponsic, cerca de la ciudad de Terrassa. Muy pronto, sin embargo, la riqueza de hallazgos en otra localidad próxima a Sabadell, Can Llobateras, movió a Crusafont a proponer este último yacimiento como nuevo y definitivo estratotipo.

Can Llobateras

El yacimiento de Can Llobateras, en pleno centro de la cuenca del Vallés-Penedés, fue descubierto por el propio Crusafont a principios de la década de los treinta, durante los trabajos de apertura de una carretera local. A lo largo de más de cuarenta años, se sucedieron diversas fases de prospección y excavación, dando como resultado una lista de vertebrados de más de medio centenar de especies, lo que convierte a esta localidad en una de las asociaciones fosilíferas más diversificadas de Europa.

La asociación de Can Llobateras muestra una curiosa mezcla de elementos típicos del Mioceno medio, junto a los nuevos invasores holárticos propios del Vallesiense. Así, el elemento más común es el équido *Hipparion* que, procedente de Norteamérica, se extendió rápidamente por toda Eurasia hace unos doce millones de años. El resto de la fauna de perisodáctilos muestra asimismo este carácter mixto. Los rinocerontes alcanzan una gran

Figura 14. Reconstrucción ambiental del enclave de Can Llobateras, donde se distinguen algunos de los elementos característicos del piso Vallesiense: mastodontes, tapires jiráfidos, felinos «dientes de sable», hiénidos primitivos y el pequeño équido *Hipparion*. A la izquierda, sobre los árboles, algunos ejemplares de *Dryopithecus* (óleo de M. Antón, Instituto de Paleontología «M. Crusafont» de Sabadell).

diversidad (hay hasta cuatro especies en Can Llobateras), con formas semiacuáticas coexistiendo con otras de tipo corredor. Junto a ellos se encontraban también perisodáctilos de talla más reducida, como son los tapires de la especie miocénica *Tapirus priscus* y los chalicotéridos. Estos últimos constituían un grupo verdaderamente peculiar. En efecto, los miembros anteriores de *Chalicotherium* eran más largos que los posteriores y, en lugar de pezuñas, tenían garras. Estos parientes del caballo eran, probablemente, ramoneadores de árboles y arbustos, cuyas hojas y frutos debían alcanzar con sus «manos», sentándose sobre sus cuartos traseros tal como hoy en día hacen los gorilas.

La fauna de artiodáctilos, muy abundante, estaba dominada por los suidos, representados por hasta tres géneros diferentes: *Listriodon, Parachleuastochoerus* e *Hyotherium.* Abundaban los ciervos de agua, en tanto que los verdaderos cérvidos estaban representados por *Euprox,* un ciervo de talla mediana cuyas astas sólo poseían un único candil. Los escasos bóvidos de Can Llobateras se relacionan con el actual nilgo de la India. Junto a todos estos elementos, la mayoría de los cuales se encuentran también en las faunas del Mioceno medio, aparecen ya auténticos jiráfidos, probablemente de origen oriental.

La fauna de carnívoros asociada a este conjunto de formas muestra asimismo un carácter mixto, con especies autóctonas del Mioceno medio junto a inmigrantes orientales que caracterizarán el Mioceno superior. Tal es el caso, por ejemplo, del felino «dientes de sable» *Machairodus,* que desplaza a *Sansanosmilus,* o de los grandes *Amphicyon,* que coexisten con los primeros osos verdaderos como *Indarctos.* Existe además una gran variedad de mustélidos del tipo de los glotones, tejones, mofetas, nutrias y otros. En cuanto a los hiénidos, están todavía representados por formas primitivas que conservan caracteres de sus parientes los vivérridos *(Progenetta).* El resto de la fauna presenta los mismos elementos mencionados ya para el Mioceno medio, destacando entre los roedores la alta diversidad que alcanzan los del grupo de los hámsteres y los del grupo de los lirones. Por lo que se refiere al tipo de vegetación que debió predominar durante el Vallesiense, ésta se corresponde en general con la denominada *laurisilva,* que encontramos hoy día en las zonas templadas del Extremo Oriente. Se caracterizaba por presentar un carácter mixto, con formas de tipo subtropical (como *Cinnamomum* o *Ficus),* acompañadas por árboles de hoja caduca (arces, hayas, robles, encinas, olmos, sauces, chopos y otros). Floras de este tipo se han hallado en los sedimentos vallesienses de diversas cuencas del Pirineo (Cerdaña, Seo de Urgel, La Bisbal). En general, el clima reinante debió ser relativamente cálido, con temperaturas medias anuales entre 16 y 20 ºC. Inviernos secos y suaves se alternarían con veranos cálidos y muy húmedos, no existiendo todavía la sequía estival típica del actual clima mediterráneo.

Los homínidos del Vallesiense

Dentro del conjunto de Can Llobateras, la representación de primates de este yacimiento constituye un capítulo aparte. Los primates ofrecen una curiosa historia evolutiva en el Terciario de Europa. Como grupo zoológico, los primates constituimos un grupo homogéneo, dotado de unos caracteres realmente particulares dentro de los mamíferos. En conjunto, este orden se caracteriza por conservar una serie de caracteres primitivos, como son la pentadactilia (presencia de cinco dedos en manos y pies) y la posesión de una dentición muy completa, con incisivos, caninos, premolares y molares, indicando, en general, un régimen trófico de tipo omnívoro. Junto a estos caracteres hay una serie de adaptaciones particulares que se acentúan según los grupos. Algunas de estas características están íntimamente ligadas a un modo de vida arborícola, como es la posesión de manos y pies prensiles, o la tendencia de las órbitas a situarse en el mismo plano, lo que posibilita la visión en relieve. Asimismo, la caja craneana tiende a dilatarse, albergando un cerebro cada vez mayor. Este carácter corre en paralelo a un progresivo acortamiento de la cara, con lo que esta parte del cráneo deja de tener una función eminentemente prensil.

Los primeros primates *(Purgatorius)* aparecieron en Norteamérica hace más de 70 millones de años, en el Cretácico superior, cuando todavía persistían los últimos dinosaurios. Hace unos 60 millones de años, en la base del Terciario, los primates se expandieron por todos los continentes, con excepción de Sudamérica, la Antártida y Australia. Estas formas primitivas de primates han sido tradicionalmente incluidas dentro de la categoría de los prosimios, especie de «cajón de sastre» que los zoólogos crearon para agrupar a Lorisiformes, Lemuriformes y Tarsiformes. Estos grupos incluyen formas arborícolas nocturnas que en la actualidad pueblan las selvas tropicales de Africa y Extremo Oriente. Durante la primera parte del Terciario, en el Paleoceno y el Eoceno, Europa estuvo también cubierta por densos bosques tropicales, asimismo poblados por este tipo de primates. Sus restos han sido encontrados en numerosas localidades, destacando en este sentido los hallazgos efectuados en el Eoceno de las cuencas adyacentes a los Pirineos y que corresponden a una gran variedad de géneros: *Necrolemur, Adapis, Pseudoloris* y otros.

Al inicio del Oligoceno, hace unos 35 millones de años, los grandes bosques eocénicos entraron en regresión. El clima se volvió, en general, más árido y frío, y los primates quedaron relegados a los continentes del Sur, en donde continuaron su evolución. A partir de ellos, hace unos 30 millones de años, aparecieron en Africa los primeros catarrinos, la categoría que agrupa a todos los monos del Viejo Mundo. Destaca, en particular, el género *Aegyptopithecus,* del Oligoceno de El Fayoum, en Egipto, cuyos caracteres craneales y dentarios anuncian ya a los hominoideos del Mioceno. Al inicio de este último periodo, hace unos 25 millones de años, Africa, hasta entonces separada de Eurasia por un largo océano denominado Thetys, entró en contacto con Europa a través de la península Arábiga. Ello provocó la llegada a este último subcontinente de un amplio espectro de inmigrantes africanos, entre los que se encontraban los primates catarrinos, descendientes directos de *Aegyptopithecus* y sus congéneres. El primer género que encontramos en Europa es *Pliopithecus,* una forma braquiadora arborícola cuyos caracteres recuerdan bastante a los de los primates de El Fayoum. Pero, sin duda, el grupo de antropoides más característico del Mioceno es el de los Driopitécidos. Este grupo, originado (como *Pliopithecus)* a partir de *Aegyptopithecus,* conocerá una amplia expansión por Eurasia, desde la península Ibérica hasta China. El género que da nombre al grupo, *Dryopithecus,* fue creado por el paleontólogo francés Lartet en el siglo pasado, a partir de una mandíbula encontrada en la localidad gala de Saint-Gaudens. Lartet reconoció en este simio aquellos caracteres que hoy encontramos en los primates superiores. *Dryopithecus* era, pues, el primer eslabón reconocible de la larga cadena que había de conducir

Figura 15. Paisaje del Mioceno superior ibérico. Hace unos 10 millones de años, una profunda crisis climática determinó la desaparición de buena parte de la fauna presente en Can Llobateras. De un ecosistema poblado por suidos, ciervos, rinocerontes acuáticos y mastodontes, se pasó a otro más seco y desarbolado, dominado por jiráfidos, antílopes y équidos del género *Hipparion*. A diferencia de lo que luego sucedería en Africa 5 millones de años después, esta crisis determinó la desaparición de los hominoides euroasiáticos tales como *Dryopithecus* o *Graecopithecus* (óleo de M. Antón, Instituto de Paleontología «M. Crusafont» de Sabadell).

finalmente a orangutanes, gorilas y chimpancés. Posteriormente, ejemplares idénticos y muy parecidos al antropoide de Saint-Gaudens fueron encontrados en numerosas localidades de Asia y Africa. La primera cita en la península Ibérica se localizó en la pequeña cuenca pirenaica de la Seo de Urgel, de donde, en 1914, Smith-Woodward describió una mandíbula casi completa de la especie *Dryopithecus fontani*. Habría que esperar una treintena de años para que se produjese un nuevo hallazgo de driopitécido. En 1944, Villalta y Crusafont anunciaron el descubrimiento en los barrancos de Can Vila, cerca de Hostalets, en la comarca del Penedés, de una serie dentaria inferior que atribuyeron al género asiático *Sivapithecus*. Posteriormente, los hallazgos se fueron sucediendo en otras localidades vallesienses como Viladecavalls, Can Ponsic y, sobre todo, Can Llobateras. Gracias a los nuevos descubrimientos, estos autores pudieron constatar que el hominoideo del Vallés-Penedés no podía ser asimilado a *Sivapithecus*, como ellos habían supuesto, sino que se trataba de un nuevo driopitécido autóctono para el que propusieron el nombre de *Hispanopithecus laietanus*. *Hispanopithecus* era una forma de dimensiones similares a las de un chimpancé, algo más reducidas que las de *Dryopithecus fontani*, y cuyas relaciones filogenéticas han sido objeto de un cierto debate. Debido a un error en el montaje del ejemplar que sirvió para definir la nueva especie, Von Koegniswald creyó ver en él alguna relación con los actuales gibones (particularmente, con el género *Symphalangus)*. En realidad, para muchos autores (entre ellos, Pilbeam y Simons), *Hispanopithecus* era en realidad una especie de *Dryopithecus,* y la separación genérica entre ambos no tenía justificación. Junto a esta especie, la aparición en Can Llobateras y Can Ponsic de una serie de molares de talla más reducida que los anteriores, movieron a Crusafont, junto con el paleontólogo suizo J. Hürzeler, a postular la presencia de una segunda especie que bautizaron con el nombre de *Rahonapitecus sabadellensis*. Hoy parece claro que *Rahonapithecus* no es un género diferente de *Hispanopithecus* y que estas diferencias de talla serían achacables a la existencia de dimorfismo sexual en el seno de la población: los ejemplares atribuidos a *Rahonapithecus* serían en realidad las hembras de *Hispanopithecus*.

Dado que Can Llobateras corresponde al momento en el que se produjo el reemplazamiento de las faunas de bosque subtropical típicas del Mioceno medio por otras adaptadas a un régimen de pradera abierta ¿cual es la posición de *Dryopithecus laietanus* en este contexto?, ¿en qué medida la gran abundancia de restos de driopitécidos que encontramos en este yacimiento no es una consecuencia del cambio ambiental detectado en el Vallesiense, con formas progresivamente adaptadas a un biotopo de espacios abiertos? Tal interpretación sería congruente con lo que se observa en niveles algo más recientes en Europa oriental y Próximo Oriente (Grecia, Turquía, Pakistán). En efecto, en esas áreas los driopitécidos dieron lugar a una serie de formas de tipo robusto *(Graecopithecus* en Grecia, *Sivapithecus* en Turquía y Pakistán), caracterizadas por una talla relativamente grande y por la posesión de molares con esmalte grueso. Este último carácter, presente también en los primeros homínidos africanos, constituye una adaptación a un régimen trófico fuertemente abrasivo, constituido básicamente por semillas y granos y típico de un biotopo de pradera herbácea.

Por el contrario, el descubrimiento en Can Llobateras de distintas partes del esqueleto poscraneal de *Dryopithecus laietanus* han demostrado que este primate era una forma adaptada a la vida en los árboles, con caracteres más arborícolas que los *Sivapithecus* asiáticos. Como hoy ocurre con las razas de chimpancés que viven en la selva tropical africana, la adaptación a este tipo de hábitat explicaría también sus reducidas dimensiones en relación, por ejemplo, con *Dryopithecus fontani*. Por lo demás, esta interpretación es congruente con la alta diversidad de especies encontrada en Can Llobateras y con la presencia abundante de castores y ardillas voladoras. Así pues, durante el Vallesiense se produjo en Eurasia una radiación semejante a la que cuatro millones de años después se produciría en Africa. Tal radiación habría dado lugar a especies robustas de gran talla parecidas a los actuales gorilas, como es el caso de *Graecopithecus,* así como a formas gráciles de pequeña talla como los especímenes de Can Llobateras.

Can Llobateras, con sus más de 60 especies de mamíferos, constituye un momento de clímax en el Terciario de Eurasia. Nunca, después de este momento, volverá Europa a disfrutar de tal grado de diversidad faunística. La localidad vallesana representa el último exponente de la rica y variada fauna del Mioceno europeo. Curiosamente, las localidades del Vallesiense superior situadas por encima de Can Llobateras muestran un panorama por completo diferente. Así, entre los roedores, desaparecen la mayor parte de especies de hámsteres y lirones, dominantes en la etapa anterior. Su lugar es ocupado por unos nuevos inmigrantes asiáticos, los múridos (familia que engloba las actuales ratas y ratones). Rápidamente se diversificarán y durante más de cinco millones de años constituirán el grupo dominante entre los pequeños mamíferos (antes de ser desplazados a su vez por los arvicólidos, como hemos visto en el capítulo 6).

Con respecto a los grandes mamíferos, el cambio afectó especialmente a los suidos y similares, con la desaparición de la mayor parte de géneros presentes en Can Llobateras, que fueron sustituidos por inmigrantes orientales: *Schizochoerus,* una forma parecida a *Listriodon* que se encuentra también en Turquía, y *Microstonyx,* una especie de jabalí gigante. Asimismo, los géneros de cérvidos característicos del Mioceno medio y que todavía persistían durante el Vallesiense inferior, son sustituidos por elementos de origen asiático, mayoritariamente bóvidos. En cuanto a los carnívoros, desaparecen los grandes amficiónidos y los hiénidos primitivos, siendo sustituidos definitivamente por osos verdaderos *(Indarctos)* y por hienas de aspecto moderno *(Adcrocuta)* respectivamente. Finalmente, los driopitécidos desaparecieron también de Europa al hilo de la crisis vallesiense.

¿Cuál pudo ser la causa de la citada crisis?, ¿qué agente pudo provocar el desmoronamiento de uno de los conjuntos más variados del Terciario europeo, provocando el final de una fauna cuyas raíces se hundían en la base del Mioceno? La correlación de la crisis de extinción vallesiense con cualquiera de los eventos climáticos o fisiográficos que tuvieron lugar durante el Mioceno superior presenta algunos problemas. Hay, sin embargo,

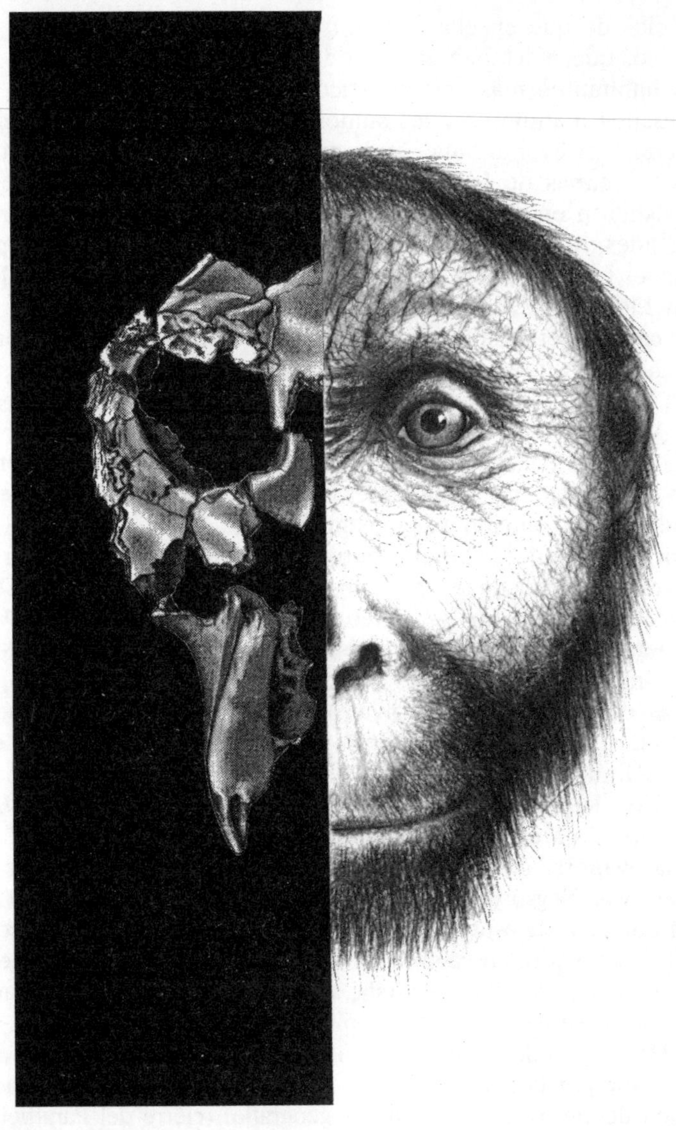

Figura 16. Reconstrucción de la cara de *Dryopithecus laietanus* (según Meike Köhler).

indicios de que en ella debieron intervenir factores de tipo climático, que afectarían sobre todo a los biotopos húmedos y a sus habitantes más característicos, como los lirones entre los pequeños mamíferos y los suidos entre los grandes mamíferos. Además, el evento vallesiense muestra un claro carácter latitudinal: algunas de las especies extintas en la península Ibérica persistieron en zonas más septentrionales de Europa. Se confirma, pues, que durante la segunda mitad del Vallesiense se produjo el tránsito hacia un biotopo mucho más árido que el de Can Llobateras. Sin embargo, a diferencia de otras fases de desecación general del ambiente, en este caso el cambio no parece haber ido ligado a un descenso general de temperatura, sino más bien al contrario. En efecto, a comienzos de la segunda parte del Vallesiense se constata la existencia de un incremento térmico en las aguas oceánicas. Por otro lado, la crisis vallesiense, con su cortejo de inmigrantes orientales, parece íntimamente ligada a la evolución paleogeográfica de Europa a lo largo del Mioceno superior. Durante buena parte de ese periodo, Europa central estuvo ocupada por un mar interior, el Parathetys, que conectaba con el Mediterráneo por su extremo occidental. Una primera desconexión entre ambos se produjo ya durante el Mioceno medio, hace unos 15 millones de años. Sin embargo, las aguas del Mediterráneo volvieron a fluir dentro del Parathetys poco después de su aislamiento. Una segunda desconexión, esta vez definitiva, se produjo poco más o menos durante la parte superior del Vallesiense. A consecuencia de ello, el Parathetys se vio abocado a una drástica reducción de su superficie, por efecto de la evaporación, llegando a desecarse casi totalmente (los actuales Mar Negro y Mar Caspio son los últimos reductos que nos han quedado de este océano paralelo). Este proceso de retracción de las aguas a buen seguro debió permitir la apertura de nuevas vías de comunicación con Asia, al tiempo que un biotopo mucho más árido se extendía por amplias extensiones de Eurasia.

De este modo, como tantas otras, la crisis vallesiense vino condicionada por la conjugación de factores de tipo climático (aridificación del ambiente) y de índole geográfica (cierre del Parathetys). A partir de entonces, otras crisis sucesivas marcarán un progresivo deterioro de la fauna de mamíferos de Europa (desecación del Mediterráneo hace unos seis millones de años, alternancia de fases frías y cálidas desde hace tres millones de años y otras) y como consecuencia, la altísima diversidad faunística alcanzada en Can Llobateras no volvería a repetirse en la historia geológica del viejo continente. Pero es que, además, este evento miocénico parece haber jugado también un papel fundamental en el destino de nuestra propia especie.

En efecto, la aparición de los primeros *Australopithecus* ha sido explicada en función de un cambio ambiental muy similar al que se produjo durante el Vallesiense en Europa: el tránsito de un biotopo forestal a otro de sabana o pradera abierta. Tal cambio habría motivado el progreso de homínidos bípedos en Africa oriental, dadas las ventajas que esta forma de locomoción tendría sobre el bipedismo imperfecto de gorilas y chimpancés. Ahora bien, un proceso evolutivo de este tipo podría haberse producido igualmente en Eurasia cuatro millones de años antes que la génesis africana. El sustrato de formas semejantes a los driopitécidos a partir del cual surgieron los primeros homínidos bípedos se encontraba igualmente en Europa hace unos nueve millones de años. El proceso de deforestación debió ser muy similar al que luego sufrió la zona oriental de Africa. Si el bipedismo corresponde a una adaptación selectivamente interesante en un medio de pradera abierta, ¿por qué no hubo hace nueve millones de años una «génesis europea» similar a la africana? La respuesta sólo puede ser una: el bipedismo fue un evento único en la evolución de los primates superiores. Más que buscar una conexión con alguno de los cambios ambientales que se produjeron en Africa durante el Plioceno, este acontecimiento excepcional debió ir ligado a un proceso de retardo en el desarrollo (o neotenia), al que ya nos hemos referido en capítulos anteriores. Este último, y no el tránsito hacia un biotopo abierto, fue por tanto el verdadero responsable de nuestro origen como grupo biológico. Si hace nueve millones de años, al hilo de la crisis vallesiense, un proceso al azar hubiese producido un driopitécido bípedo, tal vez hubiese sido Eurasia y no Africa el escenario final de hominización. Pero los procesos neoténicos son fenómenos abruptos y, muy probablemente, altamente aleatorios. Europa tuvo su oportunidad, pero el milagro no se produjo. Sólo la excepcional conjunción de factores que se produjo en Africa cuatro millones de años después permitió la aparición del primer homínido bípedo.

11
El mito del eslabón perdido

El estudio del origen del hombre y de la evolución humana ha tropezado históricamente con dos grandes inconvenientes de orden metodológico. En primer lugar, existe un condicionante evidente de índole ideológica (en el sentido más amplio del término), que no existe cuando estudiamos el origen de los roedores o la evolución del caballo. Se trata del origen de nuestra propia especie. En este punto, la investigación paleontológica se ha visto clásicamente mediatizada o desnaturalizada por la confrontación con las interpretaciones de orden político o religioso. Como se verá más adelante, ya sea para *apoyar,* ya sea para *marcar la diferencia,* muchos paleontólogos se han visto sensible o insensiblemente desplazados hacia interpretaciones que no eran forzosamente evidentes. Los problemas se agudizan todavía más cuando los hallazgos se enmarcan dentro del origen, no de la especie, sino de la propia raza o etnia. La tentación de recabar apoyos oficiales a fuerza de exagerar las facetas nacionalistas de un descubrimiento («el primer europeo fue inglés», «el primer hombre chino», etcétera), con todas las implicaciones racistas que la cuestión pueda llevar consigo, ha sido a veces demasiado fuerte.

Sucede, en segundo lugar, que los fósiles humanos como, en general, los de cualquier primate, suelen ser muy escasos en los yacimientos (en el caso de los primates más primitivos, como en el de las aves, puede deberse al modo de vida «aéreo» o arbóreo). Esto supone un problema metodológico grave para el estudio de la evolución humana. Como se ha visto, con Darwin la teoría de la evolución supera por vez primera el restringido marco del individuo, introduciéndose el concepto de población biológica, que se convierte a partir de entonces en la unidad fundamental de análisis biológico. Curiosamente, la paleontología fue una de las ciencias biológicas que más tardíamente incorporó a su práctica científica esta revolución conceptual. Durante buena parte del siglo XX los paleontólogos se dedicaron, sobre todo, a realizar pacientes estudios morfológicos en los que sólo uno o unos pocos individuos eran finalmente descritos. Todavía hoy, el registro de una nueva especie exige la designación de un único individuo (o fragmento de individuo) como *tipo* de referencia ideal de esa especie (algo así como los arquetipos platónicos). Poco a poco, bajo la influencia de los estudios paleoecológicos y cuantitativos, el análisis estadístico de las poblaciones de fósiles se fue introduciendo en la práctica paleontológica. Esta aplicación, sin embargo, sólo pudo producirse en aquellos grupos en los que fue posible contar con colectivos más o menos grandes de especímenes (por ejemplo, en el caso de los micromamíferos y, en general, en el de todos los microfósiles). Por el contrario, en el caso de la evolución humana, la base fundamental de su avance sigue siendo, forzosamente, la descripción de individuos aislados. La paleontología humana vive, por tanto, una permanente contradicción. Sumergida en el presente universo estadístico, debe todavía basar sus conclusiones en una metodología que no ha variado sustancialmente desde Cuvier. La imposibilidad de contar con muestras significativas de especímenes plantea continuamente la cuestión de la variabilidad métrica y morfológica. Y como consecuencia, el progreso en esta disciplina aparece forzosamente ligado al fenómeno aleatorio del *descubrimiento,* sin que sea posible elaborar auténticos modelos contrastables. No se trata, por supuesto, de un reproche contra el tipo de estudio que normalmente desarrolla la paleoantropología. Más bien constituye la constatación de que esta disciplina presenta todavía muchos rasgos de «ciencia joven», a pesar de sus más de cien años de historia. Por supuesto, este análisis es perfectamente transplantable a otros muchos campos de la paleontología, pero en ninguno de ellos se mantienen los niveles de tensión ideológica a los que frecuentemente se ve sometida la paleontología humana.

Todo lo expuesto ha llevado, a lo largo del desarrollo de la paleoantropología, a la fijación de una serie de ideas y esquemas filogenéticos, algunos de ellos de base científica dudosa, pero que han mantenido una notable vigencia. Como en el caso de las primitivas cosmogonías, se trata de mitologías —nuevas mitologías— sobre el origen del hombre.

Frente a los creacionistas, que admitían que el hombre había aparecido súbitamente por creación divina, el evolucionismo primitivo mantuvo la idea de que la evolución humana había sido un proceso lento y gradual, desarrollado a lo largo de millones de años. Este planteamiento implicaba la idea de una *remota* gestación de la especie humana. En efecto, el propio Darwin, coherente con esta doctrina, situó el origen del linaje de los homínidos —ésto es, la bifurcación entre los llamados póngidos (gorila, orangután, chimpancé, gibón) y los homínidos— muy precozmente, ya en el Oligoceno (hace unos 35 millones de años). La idea de un origen muy remoto de los homínidos fue muy cara a un cierto número de autores, que veían en ello una suerte de predestinación geológica del hombre a treinta millones de años vista. Las pruebas documentales fueron muy variadas en este caso. Los más antiguos primates fósiles a los que se ha atribuido caracteres de homínido proceden del Oligoceno (Terciario inferior) de El Fayoum, en Egipto. Esta localidad proporcionó un cierto número de restos atribuidos a distintos géneros, algunos de los cuales parecían prefigurar los grupos básicos de antropoides actuales (gibones, póngidos, homínidos). En particular, el género *Propliopithecus,* con sus reducidos caninos, aparecía como el candidato más firme a homínido ancestral. Sin embargo, hoy sabemos que *Propliopithecus* se sitúa en el origen de un grupo particular de simios, los *Pliopithecus,* que no tienen una relación directa con los homínidos. Descartado el carácter homínido de las formas de El Fayoum, le tocó el turno a un extraño simio del Mioceno superior de Grosseto (Italia), llamado *Oreopithecus bambolii.* Si *Oreopithecus* era ya un homínido, el origen de este grupo y su separación de los póngidos debía situarse en la base del Mioceno medio (Terciario medio), hace unos 20 millones de años. Esta hipótesis fue esbozada por el paleontólogo suizo J. Hürzeler y mantenida por diversos autores europeos. De nuevo en este caso se utilizó el escaso desarrollo de los caninos en esta forma para establecer su relación con los homínidos. Hoy sabemos, sin embargo, que *Oreopithecus* fue, en algunos caracteres, una forma convergente con los homínidos, sin que existiese una relación directa con este grupo.

El siguiente candidato a homínido ancestral miocénico tuvo una mayor aceptación. Así, en 1935 el paleontólogo británico G. Edward Lewis creó el género *Ramapithecus* para un fragmento mandibular procedente de la región de los Siwaliks, en Pakis-

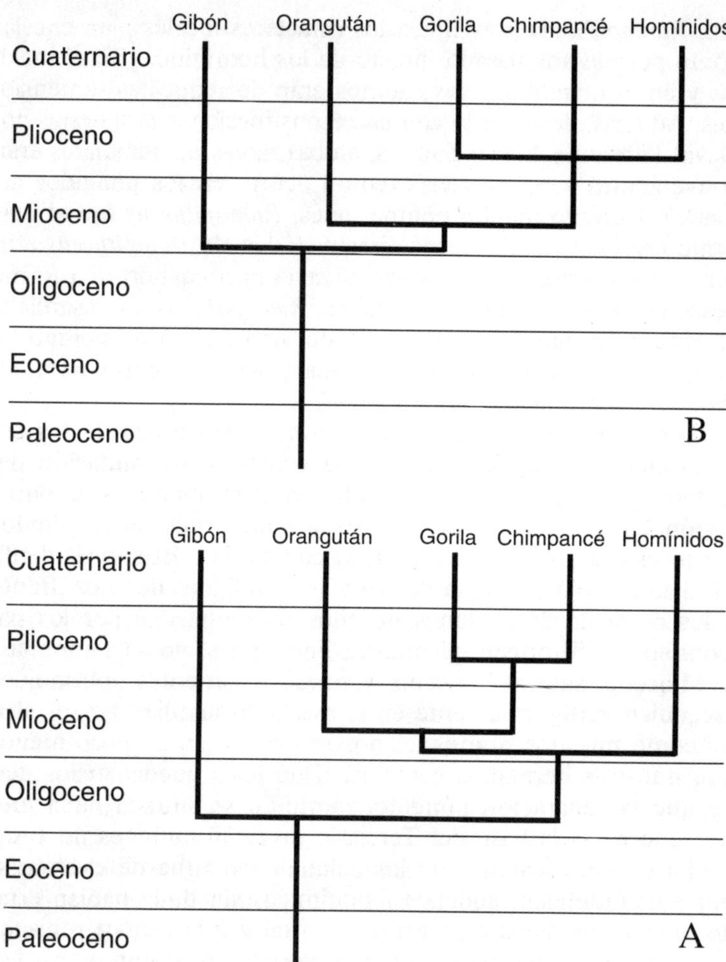

Figura 17. El modelo filogenético imperante durante las décadas de 1960 y 1970 (A) suponía que orangután, gorila y chimpacé eran formas estrechamente emparentadas entre sí y que los homínidos se habían separado de este grupo durante el Mioceno medio, hace más de 12 millones de años. Por el contrario, los datos moleculares han mostrado que gorilas, chimpancés y homínidos están más estrechamente emparentados entre sí que con cualquier otro primate, y que la edad de esta bifurcación (o trifurcación) es mucho más reciente (B).

173

tán. *Ramapithecus* presentaba los caracteres ideales para encajar como posible antepasado directo de los homínidos. En el maxilar y en la mandíbula, los caninos eran de reducidas dimensiones. Además, de acuerdo con las reconstrucciones propuestas por David Pilbeam y Elwyn Simons, ambas ramas mandibulares eran convergentes y no paralelas (como ocurre en los póngidos actuales). Durante mucho tiempo, pues, *Ramapithecus* fue el más firme candidato a antecesor directo de los *Australopithecus* africanos. Esta hipótesis se reforzó todavía más cuando una forma descubierta en el Mioceno de Africa, *Keniapithecus,* fue asimilada al género *Ramapithecus.* Pese a todo, una laguna de tiempo de unos cinco millones de años seguía existiendo entre *Ramapithecus* y *Australopithecus.*

Los primeros problemas surgieron en la década de los setenta cuando, asumiendo una tasa constante de mutación del material genético, se intentó establecer el momento de la bifurcación entre los llamados póngidos y los primeros homínidos desde el campo de la bioquímica comparada. El sorprendente resultado arrojó una cifra de tan sólo 5 millones de años, frente a los cerca de 20 millones de años contemplados por los paleontólogos. El origen de nuestra línea, pues, no se remontaba al Mioceno, sino al Plioceno, y nuestros parientes antropoides ascendían vertiginosamente en el escalafón familiar: de ser algo así como nuestros primos lejanos se convertían en poco menos que nuestros hermanos gemelos. ¡Qué lejos quedaban los días en que la separación póngido/homínido se situaba nada menos que hacia la base del Terciario, hace 30 millones de años!

La primera reacción de los paleontólogos fue de escepticismo e incredulidad: aquellos bioquímicos sin duda habían errado el tiro, sus datos eran erróneos o tal vez la técnica utilizada no fuese la correcta. Sin embargo, poco a poco, una nueva luz se arrojó sobre la interpretación de *Ramapithecus.* Así, tanto en Europa oriental como en Asia, este primate había aparecido comúnmente asociado al género *Sivapithecus,* que presenta netas características de póngido: caninos bien desarrollados, ramas mandibulares paralelas, talla superior, etcétera. Todos estos caracteres, sin embargo, más que diferencias de tipo específico, parecían indicar diferencias de tipo ¡sexual! Efectivamente, el dimorfismo sexual es muy frecuente en los póngidos actuales (por ejemplo, existen importantes diferencias entre los gorilas machos y los gorilas hembras). Este dimorfismo sexual se ha observado también en algunos ejemplares de la especie más primitiva de *Australopithecus (A. afarensis,* la popular «Lucy»). Muy probablemente, pues, *Ramapithecus* no era un homínido precoz sino ¡la hembra de *Sivapithecus!* Sucede que los pretendidos caracteres que sirven para diferenciar a los homínidos primitivos de otros antropoides no corresponden a caracteres que indiquen una determinada especialización sino, más bien, lo contrario. Tanto las formas infantiles de póngidos como sus hembras presentan caninos pequeños y son de talla reducida. Como consecuencia de ello, la mandíbula se acorta y las dos ramas tienden a converger en forma de «V». Por el contrario, los machos son de mayor talla y poseen grandes caninos que se implantan en largas y poderosas mandíbulas de ramas paralelas. Lo que nos caracteriza a los homínidos es el hecho de que estos caracteres infantiles, inespecializados, se han mantenido en los adultos, incluidos los machos.

Posteriormente, cuando en 1974 Donald Johanson descubrió en Etiopía un esqueleto casi completo perteneciente a un *Australopithecus* hembra muy primitivo (Lucy), con una edad que rondaba los 4 millones de años, parecía que por fin nos encontrábamos ante ese hipotético eslabón perdido, puente entre los hominoideos del género *Dryopithecus* y los verdaderos homínidos. Y, efectivamente, en muchos caracteres *A. afarensis* (nombre específico que se le dio) está muy próximo a su origen driopitecoide, con una capacidad craneana semejante a la de los actuales antropoides africanos. ¿Qué indujo, pues, a pensar que se trataba ya de un auténtico homínido? Sencillamente, la disposición de sus miembros inferiores. A diferencia de chimpancés y gorilas, que caminan semierguidos, ayudándose con los nudillos de las manos, Lucy caminaba ya perfectamente erecta, sobre sus dos pies, tal como lo hacemos cualquiera de nosotros. Con este dato, otro mito científico sobre el origen del hombre, el de la primacía de la inteligencia en la evolución humana, se deshacía. En efecto, hasta el descubrimiento de Lucy se había considerado a la inteligencia, expresada en términos de capacidad craneana, como el carácter más significativo del proceso de hominización. De alguna manera, durante mucho tiempo se concibió este proceso como el momento en el cual, un buen día, un mono ensanchó su cerebro y se puso a filosofar (adoptando, por supuesto, la postura de *El pensador* de Rodin). Ciertamente, en los últimos miles de años la inteligencia ha dado lugar a productos notables, pero sus orígenes son, no obstante, mucho más humildes. Cuando un animal debe escapar de otro, existen cuatro vías evolutivas básicas para lograr la supervivencia: ser mucho más rápido (como las gacelas), ser mucho más grande (como los elefantes), ser mucho más pequeño (como los ratones) o, simplemente... ¡ser mucho más listo! La inteligencia pues, expresada como la capacidad para reaccionar positivamente ante circunstancias inéditas, tiene indudables ventajas selectivas que permiten sobrevivir a aquellos que la poseen en mayor grado, los cuales pueden así transmitirla a hijos igualmente inteligentes. Esta característica, sin embargo, exige cerebros más bien voluminosos, que suelen acarrear problemas mecánicos de todo tipo. Pero precisamente el bipedismo, al situar el peso de la masa cerebral sobre el eje de la columna vertebral, liberó a los primeros homínidos de una parte de estos problemas. Así pues, la adquisición de la bipedestación fue la condición que permitió el desarrollo de un gran cerebro a lo largo de la evolución humana. La idea que se tenía del «eslabón perdido» como el de un mono con el cerebro de un homínido ha tenido que modificarse: Lucy era un homínido con el cerebro de un mono. Precisamente, el más famoso fraude de la historia de la paleoantropología, el cráneo de Piltdown, ofrece un hermoso ejemplo de este recambio de paradigma. Quienquiera que fuese el artífice del mencionado fraude, partió de un supuesto erróneo, a saber, que el hombre primitivo debió ser un individuo con una gran capacidad craneana y cara de póngido. Y así construyó su fósil, a base de un neurocráneo de hombre moderno y una mandíbula de orangután. Ciertamente, la evolución pudo haber seguido esos derroteros. Pero, para desgracia de los falsificadores, las cosas no fueron por ahí. La gran capacidad cerebral ha sido una adquisición reciente en la evolución humana. Por el contrario, las modificaciones anatómicas impuestas por la aparición del bipedismo se remontan a más de tres millones de años atrás.

En definitiva, el pretendido homínido ancestral, puente entre póngidos y homínidos, no existió nunca fuera de la imaginación de los paleontólogos. Los driopitécidos, el grupo más próximo a los homínidos, se mantuvieron como tales hasta hace unos 4 o 5 millones de años. Fue entonces cuando en el borde oriental

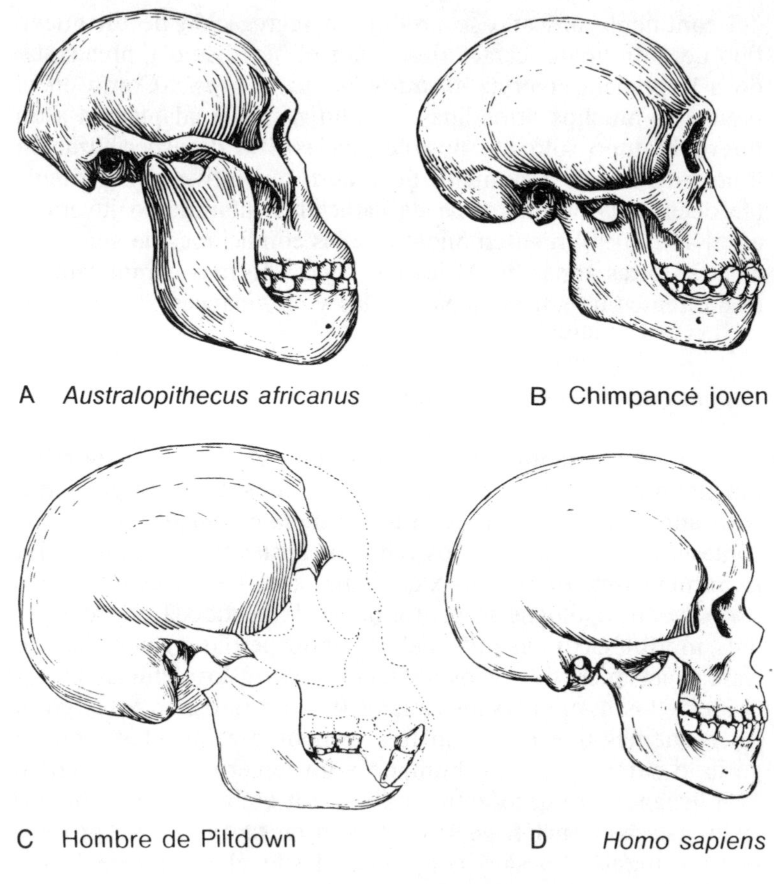

Figura 18. Tratando de encontrar un intermedio morfológico entre el hombre moderno (D) y los grandes simios como el chimpacé (B) los falsificadores de Piltdown idearon un hipotético eslabón perdido asociando un cráneo del primero con una mandíbula del segundo (C). Desgraciadamente para ellos, la evolución había seguido una ruta opuesta: los primeros homínidos, como *Australopithecus africanus* (A) poseían un cerebro pequeño y una dentición similar a la nuestra.

del continente africano se produjo la segregación de un nuevo tipo de antropoide, caracterizado por el bipedismo y preadaptado a la pradera abierta: *Australopithecus afarensis*. Como en el origen de muchos otros linajes evolutivos, esta adaptación a un nuevo biotopo sólo fue posible gracias a la desespecialización inherente a todo fenómeno de retardo evolutivo por neotenia (es decir, a la permanencia de caracteres infantiles o juveniles en el adulto). El mantenimiento de las condiciones de selva tropical en otras zonas de Africa dio lugar a formas completamente diferentes de antropoides (gorilas y chimpancés).

Patrones de la evolución humana

El mantenimiento de la idea de que el origen del hombre fue un proceso lento, sin sobresaltos, constituyó durante muchos años una exigencia de la teoría de la evolución, frente a la contestación por parte de los reductos fijistas y creacionistas. En la primera mitad del siglo XX, buena parte de los esfuerzos de los paleoantropólogos se centraron en la búsqueda de intermedios morfológicos (el mito del «eslabón perdido») que dejasen clara la ausencia de vacíos apreciables entre los actuales antropoides y los homínidos ancestrales (no son raros, en esta época, los esquemas que muestran tres cráneos o esqueletos, uno de gorila o chimpancé, otro humano y un tercero de un homínido fósil llenando el hueco entre ambos). Sin embargo, como hemos visto, esta concepción de la evolución en tanto que un proceso lento y regular ha sido contestada desde el campo de la paleontología de invertebrados por Gould, Eldredge y otros a través del denominado «modelo de equilibrios puntuados»: las especies aparecen bruscamente en pequeños segmentos de tiempo y se mantienen inalteradas durante millones de años hasta el momento de su desaparición. Aunque inicialmente aplicado a la evolución de los foraminíferos o de los trilobites, el debate sobre los «equilibrios puntuados» no tardó en trasladarse a la paleontología humana.

El actual paradigma sobre la estructura de la evolución humana procede de la obra de Wilfried Le Gros Clark *The fossil evidence for Human Evolution,* publicada en 1955. En esta obra se reconoce la existencia de una serie de grados evolutivos sucesivos, basados en el progresivo aumento de la capacidad craneana: *Australopithecus africanus, Homo erectus, Homo sapiens.* Dentro de *Homo sapiens,* se cuentan dos variantes consecutivas a las que frecuentemente se les da la categoría de subespecies: *Homo sapiens neanderthalensis* (el «hombre de Neanderthal») y *Homo sapiens sapiens* (desde el «hombre de Cro-Magnon» hasta la actualidad). Esta clasificación representó un claro avance frente el panorama que ofrecía la paleontología humana hasta entonces, dominado por un enmarañado bosque de denominaciones genéricas dispares producto del capricho particular de cada investigador, ansioso de tener su propio homínido: *Pitecanthropus, Sinanthropus, Euranthropus, Africanthropus, Tchadanthropus, Paranthropus, Zinjanthropus* y muchos otros. Para Gould, Eldredge, Stanley y otros, el esquema propuesto por Le Gros Clark, más que evidenciar sucesivos eslabones de un proceso gradual, ponía de manifiesto la existencia de auténticas puntuaciones o discontinuidades en el seno de la evolución humana. *Homo erectus* u *Homo sapiens* no designarían, por tanto, segmentos más o menos arbitrarios de un mismo linaje, sino auténticas especies independientes que se sucederían en el tiempo. Por el contrario, el carácter gradual de esta evolución ha sido mantenido por otros autores como Tobias, Cronin y Allen. En realidad, la existencia de cambios más o menos abruptos entre cada uno de los estadios de la evolución humana definidos por Le Gros Clark es una realidad implícitamente reconocida que pocos paleoantropólogos pondrían en duda. El tema de debate, más que la existencia de segmentos claramente discernibles dentro de la evolución humana, es la existencia real de procesos de *stasis* o equilibrio dentro de cada uno de estos segmentos. En particular, este tema ha sido ampliamente discutido en el caso de *Homo erectus,* para el cual se ha postulado una fase de estabilidad de cerca de un millón de años. Sin embargo, el análisis detallado de los distintos caracteres de esta especie muestra una curiosa geometría evolutiva, que combina a la vez la estabilidad morfológica y el gradualismo filético. En efecto, diversos autores (como Day o Kennedy) han constatado la existencia de una notable estabilidad métrica y morfológica en lo que se refiere a la mayor parte de caracteres pertenecientes al esqueleto poscraneal. Por el contrario, como ha remarcado Wolpoff, es innegable en *Homo erectus* una neta tendencia al aumento gradual de la capacidad craneana y a la reducción de la arcada dentaria, las cuales afectan a su vez a todo un conjunto de caracteres asociados a la anatomía craneal.

Una nueva aportación a este debate se ha producido con el descubrimiento por parte del siempre afortunado Johanson de un ejemplar de *Homo habilis* que incluía fragmentos del cráneo y, lo que es más significativo, parte de su esqueleto poscraneal. Lo interesante en este caso es que, a pesar de su relativamente alta capacidad craneana, el esqueleto de *Homo habilis* muestra unas proporciones más parecidas a *Australopithecus* que a *Homo erectus*. Este resultado es congruente con el hecho de que muchos de los caracteres craneales de los proclamados *Homo habilis* (ER-1470, 0H-24, ER-1813) encajan mejor dentro de una morfología *Australopithecus* que dentro de una morfología de tipo *Homo* (si exceptuamos el tamaño de la dentición y el volumen encefálico). El descubrimiento de Johanson se complementa nítidamente con el realizado en 1984 por Richard Leakey, correspondiente a un individuo juvenil casi completo de *Homo erectus*. La edad de este resto ronda 1.600.000 años —coetáneo, por tanto, de los primeros *Homo erectus* que se encuentran en Africa—. Lo curioso en este caso es que KNM-WT-15000 (número de sigla del joven *erectus)* presenta un esqueleto poscraneal ya plenamente moderno y perfectamente comparable al de las poblaciones de menos de 500.000 años de China. Así pues, aunque en cuanto a capacidad craneana se observa un gradual incremento desde *Australopithecus afarensis* hasta *Homo erectus,* en cuanto a esqueleto poscraneal se observa una ruptura súbita entre *Homo habilis* y *Homo erectus*. Tal ruptura debió producirse en un corto lapso de tiempo, entre 1.800.000 (edad de OH-62) y 1.600.000 (edad del joven *erectus* del Turkana occidental). De este modo se confirma la existencia de patrones evolutivos diferentes según se trate de caracteres craneales o poscraneales: mientras que el esqueleto poscraneal parece seguir un modelo puntuado, de cambio muy rápido, los caracteres ligados al cráneo (dentición, arcadas dentarias, volumen encefálico) se ven sometidos a un proceso de cambio gradual y progresivo.

El origen del hombre moderno

Aunque menos espectacular que el origen del bipedismo o la aparición de los primeros homínidos, la eclosión de lo que podríamos llamar «hombre moderno» u *Homo sapiens* moderno hace varias decenas de miles de años ha constituido el objeto de un intenso debate. La historia es bien conocida y podría relatarse como sigue. En la segunda mitad del siglo XIX y casi contemporáneamente a la expansión del darwinismo, se describieron los primeros restos de un tipo humano claramente distinto del actual, mucho más robusto y con caracteres claramente primitivos que lo acercaban a un pasado simiesco (por ejemplo, unos enormes arcos encima de las órbitas oculares, una frente huidiza y una mandíbula carente de mentón). El nombre con el que se le bautizó, «hombre de Neanderthal», hacía referencia a la localidad donde se produjo uno de los primeros hallazgos de este grupo, en el valle del Neander. A principios del siglo XX, el francés Pierre Marcelline Boule realizó la primera monografía detallada de este tipo humano fósil, subrayando el acentuado primitivismo de estos «neandertales». En realidad, la reconstrucción realizada por Boule ha pasado a la historia por la imagen particularmente tosca que ofrecía de ellos: cuerpo bajo, macizo; cara larga y prominente, cuello corto y robusto, piernas muy cortas, bipedismo imperfecto y, en definitiva, «aspecto brutal». En contraste, la imagen que ofrecían los primeros hombres de tipo moderno de hace unos 30.000 años, los denominados «hombres de Cro-Magnon», era radicalmente diferente: altos, gráciles, de miembros alargados y con una bóveda craneana alta y redondeada. Este notable contraste anatómico se extendía también, en el terreno de la arqueología, a los artefactos líticos atribuidos a ambos grupos. Así, las industrias líticas del paleolítico superior (conocidas como «industria auriñaciense») eran mucho más elaboradas y diversas que las del paleolítico medio o musteriense, atribuidas al hombre de Neanderthal. Además, el recambio entre unos y otros habría sido relativamente abrupto, en el periodo que media entre los 20.000 y los 30.000 años.

Aunque el hombre de Neanderthal parecía corresponder a un fenómeno típicamente europeo, pronto surgieron en otros puntos del Viejo Mundo nuevos restos que mostraban una combinación de caracteres similar a la de los neandertales, con rasgos anatómicos primitivos asociados a un elevado volumen craneal. En la antigua Rodesia, en el lugar denominado Broken Hill, fue descrito un cráneo de rasgos muy primitivos, distinto de los *Homo erectus* de Asia y que recordaba en muchos de sus caracteres a los neandertales europeos (órbitas redondeadas, gruesos arcos superciliares, fosa nasal muy ancha, cara prominente...). También en Java, en las terrazas del río Solo, una serie de cráneos mal conservados mostraba la existencia de un tipo de *Homo sapiens* primitivo, de alguna manera intermedio entre los pitecantropos u *Homo erectus* del Pleistoceno medio y el *Homo sapiens* moderno. En consecuencia, el tipo neandertaloide pasó a representar algo así como un grado evolutivo universal, intermedio entre el estadio *erectus* y el hombre moderno. La existencia de estas formas intermedias en Africa del Sur y en Extremo Oriente suponía, por lo demás, una extraordinaria ampliación del ámbito geográfico de este tipo humano.

En ausencia de evidencias fósiles significativas y «aparcado» cautelarmente el cada vez más incómodo resto de Piltdown, parecía claro que el hombre moderno había surgido hacía unos 30.000 o 40.000 años a partir del stock neandertal. Tal transición, sin embargo, no había podido detectarse en ningún punto del globo. En esa coyuntura, F. Weidenreich lanzó una atrevida hipótesis con respecto al origen del hombre moderno. Según este autor, tal origen no se habría producido en un punto concreto, sino que, en cada área geográfica, las distintas poblaciones de homínidos habrían evolucionado independientemente, dando lugar a las actuales razas humanas. Las distintas variantes actuales y fósiles de *Homo sapiens* se habrían originado pues, en paralelo, a partir de formas ancestrales, tales como el sinantropo en China, el pitecantropo en Java e Indonesia, el hombre de Broken Hill en Africa o el hombre de Neanderthal (iy de Piltdown!) en Europa. En apoyo de su teoría, Weidenreich creyó encontrar caracteres mongoloides en el mencionado sinantropo u «hombre de Pekín» (en la actualidad, clasificado como *Homo erectus)*. Aunque el modelo de Weidenreich no presuponía en sentido estricto un aislamiento absoluto de cada tronco racial, éste fue inmediatamente simplificado e interpretado en tal sentido. Hay que decir que, en el contexto ideológico del momento, este tipo de modelos ofrecía un innegable atractivo para cualquier interpretación racista o nacionalista. Si las distintas razas se originaron independientemente hace cientos de miles de años, no es de extrañar que existan diferencias raciales profundas, por ejemplo, entre razas «más evolucionadas» o superiores, y razas «menos evolucionadas» y más próximas a nuestro origen simiesco. Si avanzamos una paso más en esta dirección podríamos considerar que las distintas razas representan, en realidad, especies diferentes, por lo que la preeminencia de una determinada «especie» sobre las otras, tal como ocurre en la naturaleza entre depredador y presa, parecería del todo justificada. Y en este contexto ¿cómo resistirse a la tentación de erigirse en el heredero de un linaje humano cuyas raíces se extienden cientos de miles de años atrás?

Aunque sin llegar a estos extremos, los libros de divulgación se poblaron de esquemas evolutivos en forma de candelabro, en los que cada rama evolucionaba independientemente hasta los albores del mundo actual. La deformación de la realidad llegó también a la reconstrucción en vivo de las distintas variantes: el hombre de Broken Hill era reconstruido con rasgos negroides, en tanto que los *Homo erectus* de China presentaban los ojos rasgados. Pero donde el esquema de Weidenreich se hacía más problemático era, precisamente, en Europa. En efecto, en ningún otro lugar los tipos morfológicos parecían más alejados entre sí que entre neandertales y cromagnoides. El recambio entre ambos (y entre sus correspondientes culturas) parecía haber ocurrido abruptamente. Si no se aceptaba el modelo de Weidenreich, ¿de dónde procedía el hombre moderno?, ¿cuál era el origen de las razas?

Un primer paso hacia la resolución de este problema tuvo lugar entre 1929 y 1934, a partir de los descubrimientos realizados por Turville-Petre, Garrod, Neuville y otros en la zona de Palestina. Especialmente significativos fueron los hallazgos realizados en las cuevas y rellenos cársticos del Monte Carmelo. Dos de ellas, El Taboun y Mugharet, proporcionaron indicios de lo que podría ser un tipo humano intermedio entre los neanderthales y el hombre moderno. Así, junto a niveles que proporcionaron formas neandertaloides típicas (como Tabun I), otra serie de restos (y, muy especialmente, un cráneo prácticamente completo descubierto en Skhul V) mostraban la presencia de una forma que, junto a unas fuertes arcadas sobre las órbitas, presentaba una bóveda craneana alta y redondeada, como se encuentra en el hombre moderno. A su vez, la mandíbula presentaba un incipiente pero innegable mentón. Los partidarios de un tránsito gradual entre el hombre de Cro-Magnon y el hombre de Neanderthal respiraron tranquilos: una vez más se había dado con un eslabón perdido, capaz de llenar el hueco entre dos estadios evolutivos previamente conocidos. Sin embargo, los partidarios de que el hombre de Neanderthal era una rama fallida, sin relación directa con nuestro propio origen, no se dieron por vencidos. Que los hombres de Palestina mostrasen caracteres intermedios no probaba necesariamente que aquéllos fuesen una forma de transición. Una vez originado el hombre moderno, éste podría haber llegado a cruzarse, ocasionalmente, con alguna población de neandertales. Los descendientes, en este caso, presentarían también caracteres mixtos Neanderthal / Cro-Magnon, tal como ocurría en Palestina. Esta segunda interpretación, además, permitía explicar la aparente coexistencia de neandertales verdaderos junto a formas mixtas en aquella región. Hay que decir que en el momento de la divulgación de los hallazgos de Palestina, la edad relativa de los distintos restos era sumamente confusa. De hecho, y siguiendo una estricta lógica evolutiva, se pensó en un principio que el cráneo neandertaliano de Tabun I era anterior al morfológicamente más avanzado cráneo de Skhul-V, cuando en realidad, las dataciones más recientes demuestran que la relación es exactamente la contraria. El posterior desbancamiento del «hombre de Piltdown» a finales de la década de los cincuenta contribuyó sin duda a que la causa de los «neandertalistas» ganase adeptos, aunque nunca existió un consenso unánime sobre esta cuestión en el seno de la comunidad paleontológica. El origen del hombre moderno quedó pues envuelto en una especie de nebulosa durante años, con esporádicas aportaciones que señalaban su verdadero origen en lejanas regiones (como el Sudeste asiático).

El tema fue finalmente reabierto en 1987, no a partir de algún espectacular hallazgo paleontológico, sino desde el fondo de un tubo de ensayo (como ya ocurriera con el problema de la bifurcación entre póngidos y homínidos). Esta vez el objeto de análisis fue el ADN mitocondrial, un tipo de material genético considerado inocuo desde el punto de vista funcional pero, por lo mismo, de gran interés para esbozar una reconstrucción filogenética. Las mitocondrias —esto es, los orgánulos celulares responsables de la respiración— proceden de bacterias aerobias que entraron en simbiosis con otros elementos para formar la primera célula con núcleo organizado o eucariota. En consecuencia, las mitocondrias conservan todavía un ADN circular muy parecido al cromosoma único que encontramos actualmente en cualquier bacteria. Este ADN residual interviene únicamente en el momento de la división de la mitocondria y, por tanto, su papel en el metabolismo propio de la célula es marginal. Otro tanto puede decirse de su herencia, ya que, al carecer nuestro espermatozoide de cualquiera de los orgánulos que conforman una célula somática, el ADN mitocondrial se transmite únicamente por vía materna, a través del óvulo. Pero es que, además, al no entrar en el juego de la recombinación genética a que se ve sometido su compañero del núcleo, cualquier cambio que se produzca en el ADN mitocondrial de un determinado linaje se transmitirá ininterrumpidamente de generación en generación, hasta que una nueva mutación modifique de nuevo la secuencia original. De esta manera, el ADN mitocondrial se convierte en un instrumento de primera magnitud a la hora de reconstruir la historia evolutiva de un grupo. Dado que las mutaciones se acumulan aditivamente al azar, a un ritmo que se supone constante, el ADN mitocondrial «más primitivo» será precisamente aquel que muestre una mayor tasa de mutación. Pues bien, un trabajo publicado en 1987 por Cann, Stoneking y Wilson demostró que el ADN más variable y que, por tanto, había estado expuesto durante más tiempo a una tasa constante de mutación, procedía de muestras pertenecientes a individuos de raza negra, ya se tratase de africanos o de afro-americanos. Ello equivalía a proponer que el antecesor común a todas las razas actuales se había originado en Africa, y sólo en Africa, hace aproximadamente unos doscientos mil años (de acuerdo con la tasa de mutación calculada para el reloj mitocondrial).

A diferencia de lo ocurrido en el caso de la divergencia póngido-homínido, esta vez sí hubo un buen número de paleoantropólogos dispuestos a admitir los datos procedentes de la biología molecular. La razón de esta temprana adhesión al «modelo del Arca de Noé» (denominado así por cuanto presuponía una migración única desde Africa hacia Eurasia) hay que buscarla en un cierto número de restos humanos de aspecto moderno encontrados en Africa. Aunque en la mayor parte de los casos existen dificultades para establecer una datación rigurosa, diversos indicios apuntan a una edad considerablemente superior a la de otros restos de hombre moderno encontrados en Europa. Este es el caso, por ejemplo, de los restos de Klasies River, en Sudáfrica, y de Omo Kibish I, ambos con una anatomía craneal inequívocamente moderna, pero asociados a faunas y sedimentos que rondan los 100.000 años en ambos casos. Otros restos humanos podrían incluso envejecer aun más estas cifras. Por ejemplo, el cráneo descubierto en la localidad Laetoli 18 puede situarse alrededor de los 120.000 años. Pero la sorpresa más notoria procede de las nuevas dataciones de los clásicos restos de Palestina. Así, los cráneos más avanzados de Qafzeh y Skhul han visto incrementada su edad hasta los 100.000 o 120.000 años, en concordancia con sus congéneres «modernos» de Africa. Por el contrario, los cráneos de tipo Neanderthal de Kebara y Amud se mantienen en torno a los 50.000 o 60.000 años (no así el de Tabun, cuya edad se sitúa en la media de Skhul y Qafzeh). El perfecto esquema de transición Neanderthal-Hombre moderno que trazaba la secuencia de Palestina queda así refutado por el reloj geológico. La secuencia aparece, en realidad, invertida o, a lo sumo, muestra una complicada sucesión Neanderthal-Hombre moderno-Neanderthal.

La clave del enigma radica en que la sucesión de restos humanos que encontramos en Palestina denota más una secuencia de tipo ecológico que de tipo evolutivo. Para empezar, y contra lo que pensaron en su momento los partidarios de la transición Neanderthal-Hombre moderno, los restos de Skhul y Qafzhe no presentan auténticos caracteres neandertaloides. Estos pretendidos caracteres corresponden, en realidad, a rasgos de tipo primitivo heredados, como en el caso de los neandertales, del antepasado común de tipo *Homo erectus*. En terminología cladística, serían caracteres plesiomórficos, compartidos tanto por neandertales como por modernos arcaicos, pero no caracteres derivados o sinapomórficos que permitiesen relacionarlos entre sí. Sentadas estas bases y establecido el origen del hombre moderno en Africa en una fecha tan temprana como los 150.000 o los 200.000 años, la irrupción de este último en Palestina hace unos 100.000 años parece perfectamente congruente. En realidad, la segregación de Neandertales y «protocromagnoides» hace unos 200.000 años, a partir de una mancha más o menos uniforme de *Homo erectus* avanzados, parece seguir una pauta vicariante, a la manera propuesta por Croizat. Al norte del Sahara, estas formas avanzadas de *Homo erectus* (Petralona, Arago, Steinheim, Swascombe y otros) habrían dado lugar a una variante robusta, bien adaptada a las alternancias climáticas de la región paleártica. Por el contrario, al sur del Sahara se habría gestado una forma más grácil adaptada a las praderas abiertas de clima cálido y precursora del tipo anatómicamente moderno. En este contexto, Palestina aparece como una zona geográficamente perfecta para registrar las sucesivas oscilaciones de ambos grupos, al hilo de las variaciones latitudinales de la banda climática. La secuencia Cromagnoide-Neanderthal o Neanderthal-Cromagnoide-Neanderthal que se registra en ese área no sería sino el reflejo de las sucesivas oscilaciones hacia el norte o hacia el sur de esta banda climática, como si de un frente de batalla inestable se tratase.

El esquema, con todo, no es tan sencillo. Del mismo modo que en Europa y Africa la evolución de *Homo sapiens* siguió dos rutas diferentes, así también en otros extremos del Viejo Mundo las poblaciones avanzadas de *Homo erectus* dieron lugar a formas endémicas. Este es el caso de la isla de Java, cuyos arcaicos homínidos del río Solo, apenas más evolucionados que su antepasado de Trinil, han arrojado unas edades sorprendentemente recientes, por debajo de los 70.000 años y, muy posiblemente, más cerca de los 30.000. Un caso parecido se encuentra en la península Ibérica, donde la ya comentada mandíbula de Banyoles, con sus arcaicos caracteres pre-*sapiens,* apenas supera los 40.000 años. Así pues, la irrupción del hombre de Neanderthal e, incluso, la del propio hombre moderno, no pareció afectar en un principio a la evolución independiente de algunas bolsas persistentes de *Homo erectus* más o menos avanzados, que debieron quedar aislados en determinados enclaves estratégicos y protegidos por barreras naturales (cadenas montañosas o brazos de mar).

Pero ¿qué ocurrió con la cultura? Hasta hace poco, los partidarios de la hipótesis del reemplazamiento habían imaginado un escenario en el que la superior cultura del hombre moderno había desplazado a los toscos neandertales y su arcaica cultura musteriense. Sin embargo, los datos existentes muestran una realidad bien diferente. Para empezar, el tipo humano moderno, desarrollado en Africa en una edad tan temprana como los 100.000 o los 200.000 años, aparece asociado a una industria lítica del tipo de las del Paleolítico medio, es decir, equivalentes a lo que en Europa es el Musteriense. Estas industrias se corresponden ciertamente con la edad de estos «protomodernos», pero no con su anatomía.

Por otra parte, industrias líticas del tipo de las del Paleolítico superior se encuentran en Europa hace unos 30.000 años, asociadas a un neandertal, el hombre de Saint Cesaire, en Francia. Con estos datos, el posible escenario del reemplazamiento Neanderthal-Hombre moderno sufre un cambio sustancial. Las poblaciones finales del hombre de Neanderthal se nos descubren como refinados detentadores de una avanzada cultura lítica, eficazmente adaptados a un medio, el del Pleistoceno superior europeo, que les era profundamente hostil. Por el contrario, el invasor del Sur se nos presenta como una forma anatómicamente grácil, pero culturalmente retrasada que pudo iniciar su rápida migración hacia el norte una vez desaparecidas las barreras climáticas o geográficas que impedían su dispersión. Dado que en esta primera fase de expansión no cabe suponer una especial superioridad cultural sobre las poblaciones neandertales, y dado que no existen indicios de un desplazamiento violento, la rápida sustitución de unos por otros sólo puede reposar sobre un argumento: la eficacia biológica. Y dado que los neandertales eran formas firmemente asentadas en Europa durante miles de años, eficazmente adaptadas a las duras condiciones del Pleistoceno superior paleártico, con sus fases glaciares, sólo cabe imaginar que esta superioridad biológica se basó en algún tipo de «revolución demográfica». En otras palabras, el hombre moderno debió desplazar al hombre de Neanderthal porque podía reproducirse más y más rápidamente. Ello explica, a su vez, por qué los eventuales cruces que pudieran haberse producido entre ambas comunidades habrían quedado rápidamente absorbidos por la intensa dinámica de reemplazamiento poblacional, no dando tiempo al asentamiento de formas mixtas o intermedias entre ambos. La morfología moderna desplazó a la morfología neandertal, desarrollando su cultura más allá de lo imaginable. En fin, este escenario adquiere connotaciones que nos son innecesariamente próximas; ahora bien, si la historia biológica de los grupos requiriese moralejas, la conclusión más evidente sería que la preeminencia del hombre moderno sobre los neandertales no fue, precisamente, una «victoria» de la cultura sobre la biología sino, tal vez, todo lo contrario.

12

La evolución y su sombra

El concepto de lo que es el progreso científico ha experimentado en la segunda mitad del siglo XX un notable cambio de óptica. Anteriormente, los historiadores de una ciencia solían vincular muy claramente este progreso al factor *descubrimiento*. Basta echar una ojeada somera a algunas «historias de la biología» (o de la paleontología) para percatarse de que todo en ellas gira en torno a la descripción meticulosa de los nuevos hallazgos. Y cuando se llega a aquellas fases en que, por el carácter de revolución epistemológica que tiene el nuevo cambio, se hace difícil apelar a este factor, el historiador, en lugar de ilustrar la historia de las ideas, suele aferrarse a la detallada descripción de las biografías particulares de sus protagonistas. Con ello no queremos decir que la biografía de un autor no tenga una influencia determinante en su obra (piénsese, por ejemplo, en Darwin), pero estos elementos biográficos deben ser destacados en la medida en que ayuden a comprender su evolución intelectual. De alguna manera, toda esta tradición historiográfica ha contribuido a mantener la idea de que el grado de madurez de una ciencia es proporcional a la cantidad de datos acumulados y, por tanto, al número de descubrimientos realizados.

Sin embargo, gracias a autores como Popper, el progreso científico ya no es observado como una mera acumulación de datos sino como la confrontación de modelos teóricos que son respaldados o refutados por la evidencia empírica. Así, la teoría de la evolución de Darwin no nació de ningún descubrimiento colosal (eso es lo que precisamente Darwin echó en falta en el caso de la paleontología), sino del acoplamiento de información dispersa ya conocida, procedente de campos tan alejados como la zoogeografía, la cría de variedades domésticas y la embriología. Estos procesos de recambio de paradigma (o de «corte epistemológico», según el término acuñado por Bachelard) no necesariamente dependen de la introducción de nueva información en el sistema, sino de la reinterpretación de datos preexistentes que súbitamente encajan en una nueva teoría general. En fin, un tercer factor a considerar en el progreso de cualquier ciencia —aparte de los dos señalados, el descubrimiento fortuito y la elaboración de nuevos modelos teóricos— consiste en la introducción de nuevas técnicas en el proceso de toma de datos. Así, el advenimiento de la tectónica de placas, que supuso el paso a la madurez de la geología, se larvó gracias a la aplicación de nuevas técnicas geofísicas que permitieron elaborar una «geología de los océanos» hasta entonces prácticamente inexistente. Y otro tanto cabría decir en el caso de la «segunda revolución biológica» que supuso el descubrimiento de los ácidos nucleicos y la elaboración de lo que hoy es la biología molecular.

¿Como progresa la paleontología?

En este contexto, si existe una ciencia en la que el factor *descubrimiento* haya jugado un papel determinante a lo largo de su historia, este es el caso de la paleontología. Como hemos visto, la mayor parte de revisiones que sacuden periódicamente esta ciencia se basan en el hallazgo de nuevos restos, los cuales obligan a replantear las ideas hasta entonces dominantes. Buena parte del auge de la paleontología durante los siglos XIX y parte del XX se debió a la política expansiva de las potencias coloniales, las cuales financiaron numerosas expediciones orientadas hacia la obtención de nuevos recursos (el viaje del *Beagle* es un caso paradigmático).

A su vez, la ciencia de los fósiles aparece a lo largo de su historia como una disciplina poco proclive a la innovación metodológica. Las directrices instauradas por el barón de Cuvier han sobrevivido durante siglo y medio sin grandes variaciones cualitativas. Sólo tardíamente la introducción de nuevas técnicas ha hecho sentir su influencia creciente en la paleontología (por ejemplo, en el caso de la aplicación de determinados métodos estadísticos). No obstante, en los últimos tiempos ha sido precisamente la aplicación de técnicas *ajenas* a esta ciencia uno de los factores que más han contribuido a la reformulación de algunos viejos problemas (por ejemplo, en la revisión de las filogenias de diversos grupos).

Por lo que hace a la elaboración de nuevos modelos teóricos, la paleontología ha estado mucho más sujeta que la biología clásica a la influencia del marco epistemológico imperante en cada momento. Así, su origen como ciencia difícilmente puede ser desvinculado de la progresiva secularización operada durante el siglo XVII en el campo de las ciencias naturales. La anterior dependencia de la llamada «teología natural» constituía un lastre difícil de soslayar. En este sentido, la elaboración de modelos teóricos es una constante en la historia de la paleontología (por ejemplo, la misma escala de los tiempos geológicos). Sin embargo, el desarrollo de nuevos esquemas en esta ciencia ha quedado lastrado por la oposición tradicional de los paleontólogos al modelo darwiniano de evolución. Y, como consecuencia, durante mucho tiempo la paleontología se resintió de la ausencia de un paradigma aceptable que vertebrase los datos paleontológicos en el marco global de la teoría evolutiva. Ello provocó que la teoría sintética pasase por alto muchos problemas de índole exclusivamente paleontológica, ignorándolos o aduciendo nuevamente el viejo argumento relativo a la imperfección del registro fósil. Sin embargo, la influencia creciente de la aplicación de nuevas técnicas ha tenido su correlato en la elaboración de nuevos modelos para explicar fenómenos tales como la extinción o para llegar a nuevas hipótesis filogenéticas. Por primera vez en su historia, la última renovación conceptual de la paleontología se ha nutrido de la influencia cruzada de los tres factores señalados: descubrimiento, innovación metodológica y corte epistemológico.

La evolución humana

El actual paradigma sobre la evolución de los primates superiores constituye un claro ejemplo de todo lo dicho. Contrariamente a lo que venía siendo una tradición en paleoantropología, el dato que movió a un replanteamiento profundo de la cuestión no partió del hallazgo de un nuevo fósil, sino de la aplicación de la biología molecular al estudio de la filogenia (según se ha explicado en el capítulo anterior). Ha sido pues la utilización de una nueva técnica en un campo hasta entonces inédito lo que ha abierto la nueva vía de reflexión. Como suele suceder en estos casos, la primera reacción de la comunidad paleontológica fue de recelo y escepticismo. Sin embargo, no faltaron los que, a raíz de ello, comenzaron a replantearse el tema desde otra perspectiva. La supuesta ancianidad de la línea que lleva al hombre se basaba en la utilización de ciertos caracteres diagnósticos (como la posesión de caninos reducidos o la forma de la arcada dentaria) que se consideraban característicos de la familia humana. A ello se unía una necesidad insoportable por llenar el hueco existente entre los driopitécidos del Mioceno y los australopitecos. A partir de ahí surgieron los sucesivos candidatos que, década tras década, fueron ocupando ese espacio vacío (como *Oreopithecus* o *Ramapithecus)*. Sin embargo, la debilidad de la argumentación era evidente y a la disidencia de los bioquímicos se unió la utilización de nuevas filosofías sistemáticas, como la cladística, basadas en un «pesaje» previo de los caracteres utilizados. A los ojos de los cladistas, la familia Pongidae, que agrupaba gibones, orangutanes, gorilas y chimpancés, era obviamente un grupo parafilético, no natural, un grado evolutivo basado en caracteres primitivos, pero sin sentido filogenético. La puntilla que desembocó en la aceptación unánime del nuevo modelo, según el cual la bifurcación entre los australopitecos y los grandes simios africanos había sido muy reciente, se produjo finalmente gracias al factor *descubrimiento*. En efecto, la descripción en 1982 de una cara muy completa de *Sivapithecus* permitió detectar en este género caracteres muy próximos a los actuales orangutanes. Ello alejaba a este grupo —y en consecuencia a *Ramapithecus* reconocido ahora como la hembra de *Sivapithecus*— de la descendencia humana y avalaba los datos de la hipótesis bioquímica. Pero es que, además, el esquema resultante coincidía con el modelo obtenido desde la perspectiva de la sistemática cladística, que postulaba un grupo monofilético constituido por homínidos, chimpancés y gorilas. Se abandonaba así la antigua concepción de los póngidos que, desde entonces, incluye únicamente a orangutanes y a sus antecesores, los sivapitecos. Finalmente, el modelo resultante era plenamente congruente desde el punto de vista de la biogeografía vicariante, con un grupo de formas asiáticas que darían lugar a *Sivapithecus, Gigantopithecus* y orangutanes, y un grupo africano del cual surgirían posteriormente australopitecos, chimpancés y gorilas. Así pues, aun cuando fue la introducción de técnicas moleculares lo que propició la revisión del viejo paradigma sobre la evolución de los homínidos, otros elementos, como la reinterpretación del sentido evolutivo de algunos caracteres y la información suministrada por nuevos hallazgos, fueron determinantes para llegar al actual estado de la cuestión.

Los nuevos dinosaurios

Muy diferente ha sido el proceso que ha llevado al replanteamiento de la posición de los dinosaurios y a su caracterización como formas endotermas con un metabolismo activo y con pautas de locomoción y comportamiento similares a las de los grandes mamíferos. En este caso, no cabe apelar a ningún descubrimiento sensacional, ni tampoco se han introducido técnicas especialmente distintas a las que han sido tradicionales en el estudio de los dinosaurios (en este apartado, tan sólo cabe señalar los estudios relativamente novedosos de paleohistología a cargo de Armand de Riqulès). Sí que ha habido, en cambio, una profunda reflexión en torno a algunos viejos problemas y contradicciones, y el análisis detallado de una copiosa información que, por lo demás, estaba al alcance de cualquier estudiante aventajado. Los datos, procedentes de diversas fuentes, abarcan una variedad de aspectos relativos a la biología de los dinosaurios: los ya mencionados estudios paleohistológicos sobre la estructura de sus huesos largos, los trabajos sobre la biomecánica de los grandes herbívoros, el balance depredador/presa calculado para los ecosistemas del Mesozoico, la presencia de estructuras de termorregulación en algunas especies, la existencia de pautas de comportamiento sospechosamente avanzadas en el proceso de nidificación, el carácter endotermo de algunas formas emparentadas o netamente identificables con dinosaurios (como las aves o los pterosaurios) así como otras evidencias indirectas. Todos ellos han coadyuvado a modificar nuestra concepción de estos organismos, adjudicándoles la categoría de clase biológica propia.

En relación con lo anterior, de nuevo en este caso la introducción de criterios cladísticos en la clasificación ha mostrado que, contra la clásica división en dos órdenes distintos (Ornitisquios y Saurisquios), los dinosaurios constituyen un grupo monofilético, con caracteres derivados propios, ausentes en otros grupos de vertebrados. Este grupo monofilético, además, debe incluir forzosamente a las aves, las cuales hoy sabemos que proceden directamente de pequeños dinosaurios coelúridos. Contra la agrupación de las aves con los dinosaurios (lo que Bakker llama la clase Dinoaves) militaba la ausencia de clavículas en estos últimos. Hoy sabemos, sin embargo, que algunos dinosaurios también presentaban clavículas, con lo cual este argumento ha dejado de tener el peso que se le había dado. La revisión de algunos materiales procedentes de antiguas recolecciones ha constituido un auténtico test para el modelo filogenético que reúne aves y dinosaurios, ya que ha permitido reconocer nuevos ejemplares de *Archaeopteryx* que, al no conservar las plumas, fueron confundidos con pequeños coelurosaurios. Dado el elevado grado de similitud estructural existente entre las aves y algunos dinosaurios, sorprende que la idea de una estrecha relación entre ambos pasase desapercibida durante años. Sólo la idea preconcebida que hacía de los dinosaurios algo así como enormes cocodrilos pudo escamotear durante tanto tiempo una conclusión que hoy nos parece evidente. En fin, la última revolución conceptual operada en torno a los dinosaurios constituye un magnífico ejemplo de recambio de paradigma realizado a partir de las nuevas ideas desarrolladas desde el campo de la biomecánica, la paleoecología y la sistemática cladista y sin la intervención de los grandes descubrimientos de épocas pasadas.

Las extinciones

El papel de la extinción en el marco de la evolución biológica constituye todavía un capítulo abierto. En este tema, como hemos discutido en un capítulo anterior, se enfrentan dos concepciones diferentes de la marcha del proceso evolutivo: una, marcada por reorganizaciones periódicas de la biosfera, en la que el azar juega un papel predominante a la hora de explicar la composición de la fauna en cada periodo; la otra, en la más pura ortodoxia darwinista, que presupone un papel determinante de la selección natural en la configuración de los ecosistemas. Pero no cabe duda de que el replanteamiento de la cuestión tiene todas las características de un auténtico recambio de paradigma, en un tópico al que prácticamente no se le había prestado atención desde hacía más de cien años. Curiosamente, ha sido el factor *descubrimiento* el que finalmente ha jugado un papel determinante en el replanteamiento de un tema teóricamente inmune a este tipo de influencias. Nos referimos, obviamente, a la detección por parte de Walter y Louis de Alvarez del nivel enriquecido de iridio que aparece en diversas secciones del límite Cretácico-Terciario. Aunque en este caso no cabe hablar de descubrimiento paleontológico (a menos que consideremos al iridio como un «fósil químico»), la detección de esta delgada capa provocó unos efectos muy similares a los producidos por el hallazgo de un nuevo resto de homínido.

Sin embargo, al margen del famoso nivel de iridio (el auténtico «fósil»-estrella de la cuestión), el tema de las extinciones había sido ya anteriormente replanteado en el marco de algunos trabajos de teoría ecológica y evolutiva, como el modelo de biogeografía insular de McArthur y Wilson y el «efecto Reina Roja» de Van Valen. Para emitir su conocida ley, Van Valen aplicó al registro paleontológico un tratamiento estadístico bien conocido en ecología demográfica. La innovación, en este caso, consiste en que este autor utilizó las especies paleontológicas como si se tratasen de individuos biológicos. El uso de este tipo de modelos tiene un precedente destacado en George Gaylord Simpson, el especialista en mamíferos fósiles que más contribuyó a reconciliar la paleontología con la teoría sintética de la evolución. Posteriormente, Stanley y otros autores han utilizado este tipo de técnicas para apoyar la idea de la selección a nivel de especie. Paralelamente, desde el campo catastrofista, Raup y Sepkowski iniciaron también el tratamiento estadístico del registro fósil a nivel de familias y géneros, con la consabida detección de una supuesta regularidad de 26 millones de años entre cada extinción masiva (sin embargo, para algunos autores como Antoni Hoffman, esta regularidad refleja únicamente un artefacto estadístico). Pese a todas las reservas que puedan oponerse respecto a la calidad de la muestra utilizada y a la idoneidad de las técnicas al uso, lo cierto es que el análisis de los fenómenos de extinción se ha desarrollado a partir de una nueva concepción estadística del registro fósil que no existía anteriormente. Las razones por las cuales este nuevo tipo de análisis ha tardado tanto tiempo en abrirse camino son complejas y variadas. En primer lugar, está el aserto darwinista según el cual la extinción es un fenómeno demasiado complicado que no merece una atención detallada por parte de la biología evolutiva. En segundo lugar, persistían las ideas preconcebidas sobre la precariedad del registro fósil, cuyo corolario lógico es la inviabilidad de cualquier tipo de tratamiento matemático. En tercer lugar, en fin, cabe mencionar que este tipo de trabajos sólo pudieron desarrollarse a partir de la publicación de grandes vademécums paleontológicos (como el *Fossilium catalogus* o el *Treatise of Invertebrate Paleontology* de Moore) que han permitido la recopilación de una enorme cantidad de bibliografía dispersa. Por lo demás, y de cara al futuro, no es impensable que el factor *descubrimiento* vuelva a jugar un papel determinante en el tema de las extinciones periódicas, a medida que progrese el análisis detallado de aquellas secuencias que muestran eventos de extinción masiva.

Las tres discontinuidades de la evolución

El patrón evolutivo de equilibrios puntuados y todos sus corolarios posteriores (como la selección a nivel de especie) nacieron aparentemente de lo que podríamos llamar un «descubrimiento en negativo». Ya hemos visto cómo todos los aparentes «saltos» evolutivos fueron atribuidos por Darwin y los autores de la teoría sintética a la imperfección del registro fósil. Sin embargo, después de más de un siglo de prospecciones intensivas en todas las series del mundo, algunos paleontólogos como Eldredge y Gould comenzaron a plantearse la posibilidad de que las discontinuidades detectadas no fueran en realidad achacables a esta causa: la evolución, efectivamente, parecía funcionar a base de saltos. A partir de los datos proporcionados por el estudio de un género de trilobites del Devónico y de algunos ejemplos de especiación reciente en gasterópodos, estos autores concluyeron que las discontinuidades observadas respondían a auténticas discontinuidades en la evolución de los grupos, y no a un artefacto del registro geológico. Decimos que fue un descubrimiento «en negativo» por cuanto el aserto de Gould y Eldredge era de difícil comprobación: ¿cómo verificar que algo que no se encuentra no existió realmente? (la evidencia negativa raramente es una evidencia). Por lo demás, en el caso de los trilobites del Devónico, los resultados de Eldredge fueron contestados por otros paleontólogos, que aportaron ejemplos de evolución gradual opuestos al esquema presentado por este autor. Y es que, en su formulación original, el modelo de equilibrios puntuados no sólo proponía la existencia de la evolución discontinua sino que, además, postulaba que era la única admisible. La evolución gradual, tal como había sido planteada esforzadamente durante años, no existía: las especies se modificaban muy rápidamente y después permanecían sin cambios aparentes durante millones de años. A la fragilidad del primer aserto se unía una segunda parte inaceptablemente excluyente para muchos paleontólogos que tenían documentados en sus series estratigráficas auténticos casos de evolución gradual. Ya hemos visto, sin embargo, que en el caso de la dentición de muchos herbívoros la evolución gradual describe el comportamiento de ciertos caracteres cuantitativos, pero es difícilmente aplicable a las variaciones estructurales que observamos en el origen de muchas familias. En fin, el lanzamiento del modelo de equilibrios puntuados, como ocurriera en el caso del modelo de extinciones periódicas, provocó la publicación de un alud de nuevos datos, documentando todo tipo de patrones evolutivos. Todos ellos han venido a evidenciar, finalmente, que ambos tipos de cambio, acelerado y gradual, coexisten en la naturaleza, dependiendo de las variaciones del ambiente o del tipo de carácter sometido a cambio. Así pues, si la base sobre la cual se lanzó el modelo de equilibrios puntuados era empíricamente débil y el análisis posterior de muchos otros grupos ha mostrado que este patrón no tiene el grado de exclusividad que imaginaron sus autores, ¿cuál es el sentido de la extraordinaria movilización de recursos y del intenso debate a que ha dado lugar? La respuesta a esta pregunta se encuadra dentro de una dinámica que ha afectado a la teoría de la evolución desde sus orígenes.

En efecto, el progreso de la biología evolutiva (y de las ciencias biológicas en general) a lo largo de los últimos doscientos años está lejos de parecerse a la lenta y gradual acumulación de conocimientos que caracteriza la llamada «ciencia normal». Por el contrario, su evolución ha seguido algo así como un movimiento pendular, en cierta medida parecido al propuesto por E. Trías en su obra *La filosofía y su sombra*. Para este autor, algunas ideas filosóficas nacen como «sombra» de la filosofía dominante en un momento determinado. De modo parecido, cada nueva proposición en biología evolutiva ha generado inmediatamente su propia «sombra», una sombra específica en cada caso, que se fundamenta en todas aquellas cuestiones que el nuevo paradigma silencia y para las cuales no tiene respuesta. Así pues, a medida que crece y se desarrolla el nuevo modelo, crece también su sombra, hasta que ésta finalmente llega a cubrir a la fuente que la generó. El debate clásico entre continuidad y discontinuidad en la evolución biológica constituye un claro ejemplo de lo anterior.

La discontinuidad más inmediata en el mundo natural es el individuo (vegetal, animal, mineral). Pero, subyacente a esta aparente discontinuidad, persistió durante buena parte de la historia humana una concepción marcadamente continuista de la realidad. Como hemos visto a través de las obras de Giordano Bruno y de otros autores medievales y del Renacimiento, todo se podía transmutar en todo y todas las formas intermedias eran posibles: las plantas devenían mineral en el caso de los corales, de la materia putrefacta podían nacer gusanos y hasta las rocas mutaban a veces tomando la forma de conchas marinas y huesos.

Sólo a partir del siglo XVII algunas mentes aristotélicas comenzaron a poner límites a este mutacionismo desbordado. De la mano de Linné y Ray, surgieron así las primeras categorías taxonómicas. El concepto de especie biológica nació pues como «sombra» frente a una visión ingenuamente plástica de la realidad. Tal vez somos poco conscientes del extraordinario progreso que para la ciencia natural de los siglos XVII y XVIII supuso la existencia de unas categorías estables y rígidas, en la que cualquier elemento biológico podía ser ordenadamente emplazado. El escepticismo mostrado por Cuvier y por otros naturalistas de su generación respecto a la posibilidad de mutabilidad de las especies tiene sus raíces precisamente en esta rígida concepción de la naturaleza, concebida como un todo ordenado. La especie biológica constituye la segunda gran discontinuidad que aparece en el firmamento biológico, por encima del estudio de las entidades individuales.

Sin embargo, constatada la existencia de entidades supraindividuales discretas, surgía inmediatamente la necesidad de explicar el origen de la semejanza. Largas series de especies, géneros o familias parecían ordenarse de acuerdo con secuencias lineales en las que uno o varios caracteres mostraban una polaridad definida. ¿Qué sentido podía tener esta «gran cadena del ser», más allá de la apelación al simple designio divino? La discontinuidad establecida por el concepto de especie pronto creó su propia sombra, bajo la forma de una continuidad más general cuyo origen debía ser explicado. La teoría de la evolución, balbuciente con Lamarck y ampliamente aceptada con Darwin, proporcionó en el siglo XIX una explicación todavía imperfecta del origen de esta gradación: las relaciones reflejadas por la taxonomía correspondían, en realidad, a relaciones de parentesco.

Inherentes al darwinismo primitivo, todo un conjunto de «sombras» surgió en los años posteriores a la publicación de *El origen de las especies,* la menor de las cuales no fue desde luego el problema de la herencia biológica. En este campo, la biología mantenía una concepción continuista de la transmisión de caracteres, que procedía nada menos que de la teoría de los líquidos seminales. Tal teoría (la herencia se produce por la mezcla de propágulos líquidos procedentes de ambos progenitores) conllevaba dos corolarios indeseados: la existencia de una variabilidad continua entre los descendientes y la herencia de los caracteres adquiridos. Gregor Mendel, con sus leyes, demostró que las unidades de la herencia eran unas entidades discretas, discontinuas, los genes, que no estaban sujetos a modificación durante la vida del individuo y que, por tanto, se transmitían intactos a la descendencia. El gen marca el tercer gran nivel de discontinuidad de la evolución, un nivel que, a diferencia del de la especie, se sitúa por debajo del plano individual. El darwinismo tardó más de treinta años en digerir la teoría mendelinana de la herencia, pero su absorción dio lugar a una nueva síntesis, el neodarwinismo, origen del actual paradigma sobre el mecanismo de la evolución.

En realidad, el mayor problema de la biología evolutiva a lo largo de su historia fue formular una *única* teoría de la evolución que vertebrase los tres niveles de discontinuidad mencionados: organismo (o individuo), especie y gen. Históricamente también, las distintas formulaciones han ido resiguiendo la propia historia de cada nivel. Así, el lamarckismo propuso una solución que se fundamentaba en el nivel individual: los cambios producidos en cada organismo se extendían a los otros niveles, constituyendo el motor único de la evolución. Como consecuencia, se postulaba que el nivel de la especie no podía existir, en tanto que el plano genético venía directamente condicionado por el plano individual. Se trataba, por tanto, de un reduccionismo dicotómico, en el que los niveles supra e infraindividual eran referidos al nivel intermedio.

La primera formulación de la selección natural fue profundamente lamarckista en este sentido, y no sólo porque admitiese la herencia de los caracteres adquiridos, sino porque de nuevo el nivel individual constituía el referente básico de la evolución. Eran las modificaciones producidas por la selección natural sobre los individuos lo que permitía explicar la actual diversidad orgánica. De nuevo se negaba carta de naturaleza a la especie biológica, y de nuevo se aceptaba la transmisión a la descendencia de las variaciones introducidas en el organismo.

La aceptación del mendelismo operó una revolución epistemológica en el darwinismo, ya que por primera vez el marco de acción de la evolución se situó por debajo del plano del organismo. Los genes, finalmente, no sólo eran las unidades de la herencia sino que, además, eran las auténticas unidades de la evolución. El escollo más importante con que se había encontrado el darwinismo primitivo fue finalmente superado con éxito. El estudio detallado de los efectos de la selección natural en la frecuencia de algunos genes, aplicado a poblaciones experimentales (¿qué otra cosa es, si no, la genética de poblaciones?) permitió, finalmente, la enunciación de la teoría sintética de la evolución y el supuesto punto y final para más de un siglo de debates evolutivos. Ese reduccionismo característico del neodarwinismo ha llegado a su máximo exponente con algunos autores como R. Dawkins y su «gen egoísta», para los que, finalmente, el organismo no deja de ser más que una parafernalia gratuita asociada a la verdadera y única unidad de evolución, el gen. Tales formulaciones extremas no hacen sino seguir hasta sus últimas consecuencias una lógica estrictamente neodarwinista (el prefijo neo es aquí necesario) que ha dominado la biología evolutiva durante la segunda mitad del siglo XX.

Una vez referido el plano del individuo al plano del gen, quedaba finalmente el problema de la especie. Reconocida la naturaleza real de las especies en tanto que unidades reproductoras, su significación evolutiva fue sin embargo soslayada por la teoría sintética. De nuevo, el éxito o fracaso de una determinada especie se revirtió al sumatorio de los éxitos de los individuos que componen esa especie (el cual revertía a su vez al nivel genético). Sin embargo, como hemos visto en otro capítulo, este reduccionismo comenzó a crear sus propias zonas de sombra, tanto en el campo de la paleontología como en otras disciplinas. El modelo jerárquico de evolución, al replantear el papel de la especie y del proceso de especiación en el marco de la evolución y al proponer la independencia de cada nivel con respecto a la selección natural, no hacía sino incidir sobre una asignatura pendiente de la teoría sintética. Más allá del descubrimiento de discontinuidades en el registro fósil, o del afinamiento de las técnicas de análisis estratigráfico, el impacto producido por el modelo de equilibrios puntuados hay que buscarlo en el replanteamiento profundo que supuso del modelo «adaptacionista» o «seleccionista» de evolución biológica, por el cual cualquier fenómeno evolutivo debía ser referido a la selección natural.

Aun así, como sucediera con el periclitado concepto fijista de especie, este reduccionismo jugó un papel de gran trascendencia en los primeros años de la síntesis neodarwinista. En efecto, no debemos olvidar que antes y aun después de la divulgación de las leyes de Mendel, la teoría de la evolución por selección natural estuvo marcada por una profunda crisis (crisis que el propio Darwin tuvo ocasión de vivir en sus últimos años). Tras la aceptación del fenómeno de la evolución, una profusión de nuevas teorías, neolamarckistas, finalistas, ortogenicistas, mutacionistas e incluso pseudocreacionistas, inundaron el confuso panorama de la biología evolutiva de principios del siglo XX. El recurso al carácter omnímodo de la selección natural nació pues como «sombra» frente a toda una cohorte de mecanismos fantasmagóricos de la evolución. Como en tiempos de Darwin, era necesario mostrar que el cambio evolutivo podía ser explicado mediante un proceso simple y cotidiano. Por lo mismo, un modelo como el de equilibrios puntuados habría sido inmediatamente asimilado por las corrientes mutacionistas e incluso creacionistas, como ya ocurriera con Cuvier, al no existir todavía un paradigma evolutivo sólido en el cual encuadrar los fenómenos de cambio acelerado o de *stasis* evolutivo. Sólo tras varias décadas de rodaje, y una vez plenamente afianzada la síntesis neodarwinista como paradigma definitivo de la moderna biología evolutiva, han podido aflorar las sombras que esta teoría dejó por el camino.

Apéndices

Lecturas recomendadas

Bakker, R., *The Dinosaur heresies*, Longman Scientific and Technical, Essex, 1986.

Buffetaut, E., *Des fossiles et des hommes,* Ed. R. Laffont, París, 1991. Traducción española: *Fósiles y hombres,* Plaza y Janés, Barcelona, 1992.

Desmond, A.J., *The hot-blooded dinosaurs,* Bland & Briggs, Nueva York, 1975. Traducción española: *Los dinosaurios de sangre caliente,* Plaza y Janés, Barcelona, 1992.

Devillers, C. y J. Mahé, *Méchanismee de l'évolution animale,* Masson, París, 1980.

Devillers, C. y J. Chaline, *La théorie de l'Evolution,* Dunod, París, 1989.

Eldredge, N. y I. Tattersall, *The myths of human evolution*, Columbia University Press, Nueva York, 1982.

Gould, S.J., *Ever since Darwin,* W.W. Norton, Nueva York, 1977. Traducción española: *Desde Darwin,* H. Blume, Madrid, 1983.

Gould, S.J., *Ontogeny and phylogeny*, Harvard University Press, Cambridge, 1977.

Gould, S.J., *The Panda's thumb,* W.W. Norton, Nueva York, 1980. Traducción española: *El pulgar del panda,* Orbis, Barcelona, 1988.

Gould, S.J., *Hen's teeth and horse's toes,* W.W. Norton, Nueva York, 1983. Traducción española: *Dientes de gallina, dedos de caballo,* H. Blume, Madrid, 1984.

Gould, S.J., *The flamingo smile,* W.W. Norton, Nueva York, 1985. Traducción española: *La sonrisa del flamenco,* H. Blume, Madrid, 1987.

Gould, S.J., *Time's arrow, Time's cycle,* Harvard University Press, Cambridge, 1987. Traducción española: *La flecha del tiempo,* Alianza Universidad, Madrid, 1992.

Gould, S.J., *Wonderful Life,* W.W. Norton, Nueva York, 1989.

Traducción española: *La vida maravillosa,* Crítica, Barcelona, 1991.

Gould, S.J., *Bully for Brontosaurus,* W.W. Norton, Nueva York, 1991. Traducción española: *El brontosaurus y la nalga del ministro,* Crítica, Barcelona, 1993.

Gould, S.J., *Eight Little Piggies,* W.W. Norton, Nueva York, 1993.

Hoffman, A., *Arguments on Evolution,* Oxford University Press, Oxford, 1989.

Hsü, K.J., *The great Dying,* 1986. Traducción española: *La gran extinción,* A. Bosch, Barcelona, 1989.

Leith, B., *The Descent of Darwin,* William Collins Sons, Nueva York, 1982. Traducción española: *El legado de Darwin,* Salvat, Barcelona, 1988.

Lewin, R., *Bones of Contention,* Simon and Schuster, Nueva York, 1987. Traducción española: *Interpretación de los fósiles,* Planeta, Barcelona, 1989.

Mckinney, M.L., y K.J. MacNamara, *Heterochrony,* Plenum Press, Nueva York, 1991.

Raup, D.M., *The Nemesis affair,* W.W. Norton, Nueva York, 1986. Traducción española: *El asunto Némesis,* Alianza, Madrid, 1991.

Ridley, M., *The problems of evolution,* Oxford University Press, Oxford, 1985. Traducción española: *La evolución y sus problemas,* Pirámide, Madrid, 1987.

Rudwick, J.S., *The meaning of fosils: episodes in the history of Paleontology,* University of Chicago Press, Chicago, 1972. Traducción española: *El significado de los fósiles,* H. Blume, Madrid, 1987.

Ruse, M., *The Darwinian paradigm,* Routledge, Nueva York, 1989.

Scully, V., R.F. Zallinger, L.J. Hickey y J.H. Ostrom, *The Age of the Reptiles,* Abrams, Nueva York, 1990.

Stanley, S.M., *Macroevolution. Pattern and proccess,* W.H. Freeman, Nueva York, 1979.

Stanley, S.M., *The new evolutionary time-table,* Basics Books Inc., Nueva York, 1981. Traducción española: *El nuevo cómputo de la evolución,* Siglo XXI, Madrid, 1986.

ESCALA DEL TIEMPO GEOLOGICO (En millones de años)

Eón	Era	Periodo		Epoca	
Fanerozoico	Cenozoico	Cuaternario		Holoceno	0,01
				Pleistoceno	2
		Terciario	Neógeno	Plioceno	5
				Mioceno	
					25
			Paleógeno	Oligoceno	38
				Eoceno	55
				Paleoceno	
					65
	Mesozoico	Cretácico			
					144
		Jurásico			
					213
		Triásico			248
	Paleozoico	Pérmico			286
		Carbonífero			
					360
		Devónico			408
		Silúrico			438
		Ordovícico			505
		Cámbrico			590
Proterozoico		Precámbrico			1000
					1500
					2000
					2500
Arcaico					3000
					3500
					4000

Indice onomástico

Truyols, Jaume, 157
Turgot, Anne Robert Jacques,
    25
Turville-Petre, F., 183

Van Valen, L., 59-60, 61, 100,
    150, 196
Verne, Julio, 114, 116-122, 123,
    128, 138
Villalta, Josep F. de, 157, 164
Volta, Serafino, 24
Voltaire (François-Marie
    Arouet), 25
Vrba, Elisabeth, 80

Walcott, C.D., 130

Wallace, Alfred Russel, 76
Weidenreich, F., 182, 183
Wells, H.G., 118, 123
Wesley, John, 24
Whiston, W., 24
Wilberforce, Samuel, 120
Wilson, E.O., 196, 185
Wolpoff, Milford, 179
Wortman, Jacob, 130

York, Lewis E., 131

Zallinger, Rudolf F., 129, 130-
    134, 135, 136, 138, 139
Zenón de Elea, 102
Zimmerman, W.F.A., 115